U0394685

甘肃马铃薯
产业关键技术

GANSU MALINGSHU CHANYE
GUANJIAN JISHU

王一航　文国宏　李高峰　主编

中国农业出版社
北 京

图书在版编目（CIP）数据

甘肃马铃薯产业关键技术 / 王一航，文国宏，李高
峰主编 . —北京：中国农业出版社，2019.3
ISBN 978-7-109-25381-0

Ⅰ.①甘…　Ⅱ.①王…　②文…　③李…　Ⅲ.①马铃薯
—栽培技术　Ⅳ.①S532

中国版本图书馆 CIP 数据核字（2019）第 056639 号

中国农业出版社出版
（北京市朝阳区麦子店街 18 号楼）
（邮政编码 100125）
责任编辑　贾　彬
文字编辑　耿增强

———————————————

北京中兴印刷有限公司印刷　　新华书店北京发行所发行
2019 年 3 月第 1 版　　2019 年 3 月北京第 1 次印刷

———————————————

开本：700mm×1000mm　1/16　印张：9.25　插页：6
字数：200 千字
定价：40.00 元
（凡本版图书出现印刷、装订错误，请向出版社发行部调换）

编写人员

主　编　王一航　文国宏　李高峰

副主编　李继平　田世龙　李建武　张　荣

目录

CONTENTS

第一章
甘肃省发展马铃薯产业的意义

一、甘肃省发展马铃薯生产的优势条件

马铃薯是一年生草本块茎植物，属于茄科茄属。马铃薯在我国有20多种别名，在甘肃俗称洋芋、山药、山药蛋、洋山芋等。

马铃薯起源于南美洲的秘鲁和玻利维亚的安第斯山脉高原地区，约于1570年被西班牙探险家首先带入西班牙和葡萄牙种植，而后传入意大利和欧洲各地。马铃薯作为一种农作物在全世界广泛种植，仅仅是在18世纪以后。据资料推测，马铃薯传入我国可能始于16世纪末至17世纪初的明朝万历年间，距今400多年。马铃薯何时传入甘肃的历史很难考证，但据史料，清道光二年（1822年）甘肃、陕西、四川等地种植马铃薯已比较普遍，种植历史估计250多年。

马铃薯是世界上仅次于水稻、小麦、玉米的第四大粮食作物，尤其是欧美国家，把马铃薯作为主要食品，年人均食用马铃薯80kg左右，有的国家在100kg以上。1993年以来，我国成为世界第一大马铃薯生产国，种植面积和总产稳定增长。据《中国农业年鉴》统计，2014年全国马铃薯种植面积557.3万hm²，产量8 860万t，鲜薯总产量在900万t以上的地区有甘肃、四川、内蒙古和贵州。2014年甘肃省马铃薯种植面积68.6万hm²，占全国的12.25%；产量1 189.5万t，占全国的12.45%；平均单产17.43t/hm²，比全国高3.03%；马铃薯生产在全省农业经济中占有相当重要的地位。

甘肃省发展马铃薯生产具有得天独厚的自然资源优势。全省马铃薯主要集中分布在中部干旱地区和高寒阴湿、二阴地区，约占全省马铃薯种植面积的70%。这些地区大多地处黄土高原及其过渡地带，土层较厚，土质疏松，富含钾素，一般速效钾含量153~214mg/kg；海拔高，气候冷凉，昼夜温差大，适种区海拔1 750~2 600m，年平均气温5~8℃，7月平均气温16~20℃，6~8月气温日较差11~14℃，无霜期120~160d；春旱频繁，年降水量420~650mm，但降水主要集中在7~9月，这种降水分布特点恰与马铃薯生长需水规律相吻合，降水对马铃薯生长需水满足率达62.2%~96.4%。这种独特的

自然条件，最适宜于发展马铃薯生产。这些地区生产的马铃薯块大、干物质含量高、食味上乘，在国内市场上享有盛誉，是国内重要的优质马铃薯产区之一。甘肃省中部的高寒阴湿山区海拔 2 000m 以上，年降水量 600mm 左右，马铃薯病害发生轻，传播病毒媒介昆虫少，自然隔离条件较好，是马铃薯种薯繁育的理想地区，从 20 世纪 70 年代起，这里就已成为西北地区最大的马铃薯良种繁育与供应基地。甘肃省河西冷凉灌区光照充足，水肥条件良好，种植马铃薯产量高，是国内少有的大西洋、夏波蒂等国外引进休闲食品加工专用品种的最适宜种植区域。

甘肃省发展马铃薯生产具有广泛的群众基础优势。马铃薯适应性强，喜冷凉的气候条件，耐瘠薄、抗灾、高产、早熟，易于种植。特别是马铃薯营养丰富、全面，既能作粮又能作菜，还可作为工业原料，经济效益好，农民群众种植积极性较高。过去在农业生产水平不高和屡遭灾荒的情况下，马铃薯作为高产作物、救灾作物，在甘肃省农业生产和农民群众生活中发挥过不可低估和不可替代的作用，农民亲切地称马铃薯为"宝贝蛋"。在长期的生产过程中，甘肃省农民群众不断创造总结出许多传统的马铃薯栽培技术，如精选种薯、晒种催芽、平种培土垄作、坑种、堆种、沙田种植、芽（苗）栽防病、株选留种、夏播留种、从高山换种等。马铃薯价格比较稳定，种植马铃薯一般纯收入为 7 500元/hm²，高产地区要超过 15 000 元/hm²，这是其他粮食作物无法比拟的。如定西地区种植 1hm² 马铃薯相当于种植 2～4hm² 小麦的产值。显著的比较效益极大地刺激了农民种植马铃薯的积极性，马铃薯已真正成为贫困山区农民群众自觉实现脱贫致富奔小康的好项目。发展马铃薯生产，不需要对农民过多增加投资和说服发动，只要因势利导，开展必要的技术培训和技术服务，就可收到事半功倍之效。中部地区广大农民在政府引导下自觉组织马铃薯良种繁育协会、种植协会和营销协会，积极参与马铃薯产业化生产和经营，就是一个生动的例证。

甘肃省发展马铃薯生产具有较强的科技支撑优势。甘肃省一直十分重视马铃薯科学研究与技术推广工作，拥有一支长期活跃在马铃薯科研与技术推广第一线的强有力的科技队伍，数十年来，取得了丰硕的科技成果，成为促进马铃薯产业蓬勃发展的中坚力量。自 1950 年开展马铃薯育种工作以来，先后选育出陇薯、渭薯、天薯、武薯、临薯、庄薯、甘农薯、定薯等系列马铃薯品种 70 多个，为全省马铃薯生产发展做出了巨大贡献，有些品种还被推广到陕西、宁夏、青海、新疆、河北、四川、江苏等省（自治区）。其中，甘肃省农业科学院在马铃薯抗晚疫育种和高淀粉育种方面，甘肃农业大学在生物工程育种与基础理论研究方面，均曾处于全国领先水平。从"八五"末开始，甘肃省马铃薯育种又转入专用型品种选育，省农业科学院育成的高淀粉新品种陇薯 3 号，薯块淀粉含量高达 20.09％～24.25％，比普通品种淀粉含量高出 3～5 个百分点，是国内育成的第一个淀粉含量超过 20% 的马铃薯新品种，现已成为全省马铃薯主栽品种和淀粉加工专用品种；育成的淀粉及全粉加工型新品种陇薯 6 号，2005 年 5 月通过了国家农作物品种审定委员会审定，成为甘肃省第一个国家级马铃薯品种。目前以省农科院为首的育种单位正在开展鲜食、淀粉加工、休闲食品加工、主食化加工和彩色功能型等多元化品种选育，相信很快就会有一批特色鲜明、适宜当地种植的专用型新品种问世。在新品种选育推广的同时，甘肃省还先后推广了一系列先进的栽培技术、病虫害防治技术和留种技术。甘肃省马铃薯茎尖脱毒繁种技术研究也是全国起步较早的，在 1981 年获得成功后进行大面积推广，全省脱毒种薯应用面积曾一度达到 6.67 万 hm²。随着马铃薯脱毒快繁技术的完善，1997 年以来，由甘肃省农业科学院、甘肃农业大学、定西地区旱农中心等农业科研单位会同有关地、县农技推广部门对此项技术进行产业化开发，取得了令人瞩目的显著成绩，由此带动了全省马铃薯产业的发展，掀起了一个新高潮，实现了马铃薯脱毒种薯全覆盖。

二、甘肃省马铃薯产业的兴起与发展现状

马铃薯产业不仅是甘肃省农村经济最具优势和最有特色的产业之一，而且也是 21 世纪甘肃省农业产业化最具发展前景的产业之一。全省 86 个县（区）中有 74 个都种植马铃薯，有 25 个县（区）马铃薯种植面积在 0.67 万 hm² 以上，有 30 多个县（区）把马铃薯作为发展农村经济的支柱产业，涌现出了安定、临洮、通渭、陇西、渭源、环县、会宁、岷县、静宁、东乡等一批马铃薯产业大县（区）。

全省马铃薯产业的兴起，应该说起始于 1996 年定西地区开始实施的"洋芋工程"。定西市位于甘肃省中部，干旱少雨，土壤瘠薄，是定西人民发展农业的最大限制因素。这里虽然生态条件严酷，农业基础脆弱，但种植马铃薯具有得天独厚的自然资源优势。定西市把马铃薯作为全市第一大优势特色产业来培育，采取强有力的措施，不断加大资金和科技投入，建立优质专用马铃薯种薯脱毒快繁科技园区和良种繁育基地，引导农民大力发展优质马铃薯生产，培育和开发马铃薯市场，扶持发展马铃薯加工企业和大抓马铃薯加工项目，经过 20 多年的发展，马铃薯产业已成为富民强市的支柱产业。定西市安定区与渭源县分别被中国农学会特产之乡推荐暨宣传委员会命名为"中国马铃薯之乡"与"中国马铃薯良种之乡"。2016 年，全市马铃薯种植面积 20.13 万 hm²，产量 500 多万 t，总产值 148 亿元；种薯生产企业达到 32 户，年产脱毒种薯 240 万 t，生产原原种 10 亿粒，占全国的 60% 以上；有万吨以上马铃薯加工龙头

企业 28 家，年加工能力 80 万 t；现有马铃薯主食生产企业 15 家、生产线 22 条，产能已达到 12.57 万 t。2016 年，马铃薯产业带给全市农民的人均纯收入达到 1 422 元，占当年农民人均纯收入的 22%，依托这一产业已有 4.1 万户贫困户 17.2 万人直接脱贫。定西市马铃薯产业的发展，对带动全省马铃薯产业发展做出了不可磨灭的巨大贡献。

甘肃省是中国马铃薯重要产区，种植面积和总产量约占全国的 1/8。全省年播种面积稳定在 66.7 万 hm² 以上，占到了全省三大粮食作物总播种面积的 36%，年产鲜薯 1 000 万 t，种植面积和总产分别居全国第二和第一，鲜薯外销近 500 万 t，总产值 110 亿元。全省农民每年人均从马铃薯生产获得纯收入 228 元，占农民人均纯收入的 19.3%。马铃薯产业已成为甘肃省最具经济优势和最有特色的产业之一。

"十二五"期间，马铃薯作为甘肃省三大特色产业之一，实现脱毒种薯全覆盖；初步形成了以马铃薯产业协会为"生力军"的新型经营主体，以流转土地为基础的规模化、机械化经营方式。目前，已形成脱毒种薯繁育供应体系、商品薯生产基地、精深加工体系、市场营销体系。

1. 产业基地基本建成

2011—2014 年种植面积 67.7 万～69.9 万 hm²，其中种薯繁育面积约 8.3 万 hm²，繁育种薯 186 万 t；脱毒种薯应用面积 61.1 万 hm²，生产商品薯 1 145 万～1 223 万 t。形成了中部高淀粉及菜用型，河西及沿黄灌区全粉及休闲食品加工型，陇南、天水早熟菜用型，高寒阴湿区脱毒种薯繁育四大优势生产区域，优势产区种植面积占全省马铃薯面积的 70% 以上。

2. 育种体系更加健全，设施设备日臻完善

目前，甘肃省开展马铃薯育种工作的单位有甘肃省农业科学院马铃薯研究所、甘肃农业大学农学院、天水市农业科学研究所、定西市农业科学研究院、临夏回族自治州农业科学研究院、陇南市农业科学研究所、庄浪县农业技术推广中心、甘肃定西爱兰薯业有限公司、甘肃凯凯农业科技发展股份有限公司等 9 家，企业开展马铃薯育种积极性很高。

马铃薯育种研究平台得到加强，"十二五"期间批准建设了"农业部西北旱作马铃薯科学观测实验站"、农业部"甘肃省农科院抗旱高淀粉马铃薯育种研究创新基地"、省科学技术厅"马铃薯脱毒种薯（苗）病毒检测安全评价工程技术中心"、省发展和改革委员会"马铃薯种质资源创新工程实验室"，投入 900 多万元改善育种科研条件。

3. 良种繁育体系基本形成

建立了具有甘肃特色的马铃薯三级脱毒种薯繁育体系，即：在茎尖组培获得脱毒苗后，用脱毒苗无土栽培生产原原种（微型薯），用原原种在高山隔离

条件繁育原种，用原种在高海拔冷凉山区繁育良种。2014年基本实现了原种繁育由网室扩繁向隔离区露地繁育节本增效的转变。2014年原原种产量9.1亿粒，原种0.51万 hm²，产量15.47万t，良种5.98万 hm²，产量161.23万t；向国内12个省（自治区）供应原原种3亿粒以上。

4. 种薯监管检测体系不断完善

建成了1个省级、4个区域及28个县级马铃薯种薯质量检测中心，初步建成了三级种薯质量检测体系，在基础种薯生产单位建成了病毒检测室；颁布了《甘肃省马铃薯脱毒种薯质量管理办法》，制定了《马铃薯种薯生产、经营许可审查细则》，建立了省、市、县三级种薯市场监管体系。制定了《甘肃省马铃薯脱毒种薯质量检验规程》和《甘肃省马铃薯种薯认证方案》。开展马铃薯脱毒种薯田间检验、标签的真实性认定、种薯质量抽检及种薯市场监管等工作。

5. 标准化生产水平不断提升

通过推广马铃薯脱毒薯、地膜覆盖、沟垄栽培、轮作倒茬、专业化病虫害防控及测土配方施肥等技术，大幅度提高马铃薯产量。全省马铃薯单产由过去的7.5～15t/hm²提高到现在的15～25.5t/hm²。通过对脱毒种薯、旱作节水、黑膜覆盖、病虫害防控和测土配方施肥五大技术集成应用，形成了适宜于不同品种和不同区域的配套栽培技术体系。

6. 贮藏能力明显提高

现有1 000t的原种贮藏库20座，贮藏能力达到2万t；1 000t的一级种薯贮藏库245座，贮藏能力达到24.5万t，1 000t生产用种薯贮藏库195座，贮藏能力达到19.5万t，种薯贮藏体系进一步完善。"十二五"期间新建10t、20t和60t三种贮藏量的农户贮藏窖10 728座，新增贮藏能力17.86万t，并安装了通风保温设施。

7. 加工体系基本形成

据统计，2010年全省已建成规模以上马铃薯加工企业约60家，精淀粉生产能力稳定在60万t左右，其中20%以上的精淀粉进一步加工转化成变性淀粉；全粉生产能力约5万t；速冻薯条、薯片等马铃薯休闲食品生产能力约1万t。到2015年，由于受环保问题制约和原料不足的影响，马铃薯加工企业数量和加工能力均有所减少。

8. 营销能力持续提高

全省建成大型马铃薯批发市场10多个，有购销网点1 500多个、运销大户3 500多户，从业营销人员10万多人。每年销往北京、上海、广东等20多个省（自治区、直辖市）的鲜薯达350万t，占鲜薯总产的35%以上；国外销售30万t，占鲜薯总产的3%以上。

三、甘肃省马铃薯产业发展前景展望

随着产业结构的不断调整升级，扶持力度的不断加大，发展步伐加快，全省马铃薯产业呈现出如下发展趋势，将由马铃薯生产大省转变为马铃薯产业强省。

1. 马铃薯种植面积由不断扩大变为趋于稳定，单产和总产将大幅度提高

马铃薯营养成分丰富而全面，含有淀粉、蛋白质、脂肪、纤维素、灰分和各种维生素（特别是维生素 C）等，是一种理想的健康食品。马铃薯用途广泛，可作粮，可作菜，可作饲料，还可作加工业原料，功能之多是其他农作物所无法比拟的。尤其是马铃薯作为蔬菜和加工业原料，具有十分广阔的市场前景。欧美发达国家把马铃薯作为主要食品，人均年消费马铃薯达 80kg 以上，而我国人均年消费马铃薯只有欧美发达国家的一半，消费量增长空间很大。国内市场特别是马铃薯生产量较小的南方市场，对马铃薯的需求量非常巨大。而且我国是亚太地区马铃薯生产最主要的国家，拥有广阔的国际市场。马铃薯由于耐旱耐瘠，水效率高，产量高，比较经济效益高，作为全国马铃薯主产省份的甘肃，种植面积不断扩大是必然趋势。"十三五"期间，全省马铃薯种植面积将超过 66.7 万 hm^2，以后种植规模将会逐渐趋于稳定。同时，随着优良新品种及配套标准化栽培技术的推广，尤其是脱毒种薯的普及应用，马铃薯单产水平将会显著提高，由目前的 15t/hm^2 提高到 22.5t/hm^2，按全省 66.7 万 hm^2 马铃薯种植面积计算，总产量将达到 1 500 万 t。

2. 脱毒种薯繁育体系迅速扩大，脱毒种薯应用得到普及

茎尖脱毒组培快繁技术，是目前防止马铃薯病毒性退化、提高马铃薯产量和质量的唯一有效方法。利用这一技术生产的脱毒种薯增产效果非常显著，一般增产率为 30%～50%，高的可成倍增产。由于马铃薯种植规模不断扩大，各地非常重视种薯生产，全省掀起了脱毒种薯繁育热潮，一些合作社也纷纷建立起脱毒种薯工厂化快繁中心及繁种基地，马铃薯脱毒繁种产业的发展呈现出非常强劲的势头。随着我省马铃薯脱毒繁种企业队伍的不断壮大和马铃薯产业扶贫脱毒良种补贴政策的实施，脱毒种薯繁育体系将会迅速扩大，在目前二级脱毒种薯全覆盖的基础上，进一步实现一级脱毒种薯全覆盖，并且随着"一分种子田"工程推动原原种在农户应用，脱毒种薯化率不断提高，各地生产的种薯和商品薯产量与质量将普遍提高。

3. 品种实现专用化与多样化，三大优势商品薯产区形成

品种是农业产业开发的基础，实现马铃薯品种专用化与多样化，是马铃薯产业由数量扩张型向质量效益型升级的必由之路。"十一五"以来，在国家和省两级科技支撑计划的支持下，甘肃省农科院马铃薯研究所与各地区马铃薯育种科研单位不断选育推出优质菜用型、淀粉加工型、全粉加工型、油炸加工型等各类马铃薯专用新品种，从根本上解决了制约甘肃省马铃薯产业化发展的"瓶颈"矛盾。全省马铃薯产业也将出现平衡发展的局面，依据各地自然资源优势、气候土壤生态条件优势和农业生产优势，建设形成中部高淀粉型菜用型马铃薯生产基地、河西加工专用型马铃薯生产基地、陇南早熟菜用型马铃薯生产基地三大优势区域马铃薯生产基地。通过品牌经营，全面提升马铃薯产业素质和效益，促进甘肃马铃薯及其加工产品在国内外市场竞争力的进一步提高。

4. 马铃薯加工业向精深化发展，甘肃省将成为全国重要的马铃薯加工基地

近年来建立的马铃薯加工企业绝大多数是淀粉加工厂，可是随着马铃薯加工业的进一步发展，这种单一为淀粉加工的局面将会被打破，进一步以淀粉为原料的高附加值的精深加工业如变性淀粉加工等，全粉、薯条、薯片等休闲食品加工，以及主食化加工都将会有很大的发展。一批产品科技含量高、附加值高、耗水量小的精深加工企业将会被建立起来，马铃薯加工业向精深化、多样化方向发展。加工企业对废渣废水的综合开发利用能力不断增强，发展马铃薯加工带来的水资源浪费与环境污染问题将从根本上得到解决。到2020年后，甘肃省将成为全国最大的马铃薯加工基地。通过加工企业不断增强自身的技术创新能力，不断提高产品科技含量，将会创造更大的经济效益，为地方经济发展做出贡献。

第二章 | CHAPTER 2
马铃薯的特征与特性

一、马铃薯的特点

马铃薯是一年生草本植物，在植物学分类上属于茄科茄属，与茄子、西红柿、辣椒、烟草等同属一科。马铃薯是双子叶种子植物，既可以用块茎繁殖，又可以用种子繁殖。生产上一般用块茎繁殖，而育种上则利用杂交种子或天然结出的种子种植后进行选种。

由于马铃薯是用块茎作种的无性繁殖作物，所以马铃薯病害种类多，而且很多病害都能通过播种用的块茎传染给下一代。特别是病毒病的这种传染与积累，会造成种性退化，导致马铃薯大幅度减产。因此，在马铃薯生产中，种薯的繁育显得特别重要。

二、形态特征

马铃薯植株按形态结构可分为根、茎（地上茎、地下茎、匍匐茎、块茎）、叶、花、果实和种子等几部分（见图2-1）。

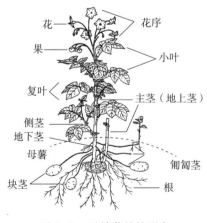

图2-1 马铃薯植株形态

1. 根

马铃薯的根是吸收营养和水分的器官，同时还有固定植株的作用。用块茎种植的马铃薯植株的根均为不定根，无主、侧根之分，称为须根系。马铃薯须根系分为两类，一类是种薯在土壤中发芽时从初生芽基部靠种薯芽眼处发生的较强大的根系称为芽眼根，芽眼根分枝能力强，入土深而广，是马铃薯的主体根系；另一类是在地下茎的中上部各节上陆续发生的不定根称为匍匐根（见图2-2）。马铃薯的根系主要分布在土壤表层的30cm以内，深度一般不超过70cm。早熟品种一般根系较弱，分布较浅；晚熟品种一般根系发达，分布深而广。抗旱品种根系发达、拉力强、鲜重高。生产上可以根据根系的分布规律来确定合理的株行距，以获得高产。

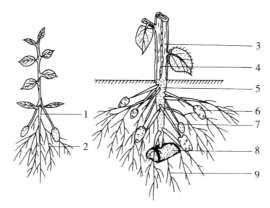

图2-2 马铃薯根与块茎

左：种子繁殖的根系 右：切块繁殖的根系

1主根 2.侧根 3.茎 4.茎翼 5.地下茎 6.块茎 7.匍匐茎 8.母薯块 9.须根

2. 茎

马铃薯的茎分为地上茎、地下茎、匍匐茎与块茎。

（1）地上茎： 播种的马铃薯种薯发芽生长后在地面以上发育成的枝条，称为地上茎。地上茎的作用，除了支持植株上的分枝与叶片、花、果实外，更主要的是将根系吸收的无机营养和水分输送给叶片等器官，再把叶片光合作用制造的有机营养物质输送到地下块茎中。茎的长相分直立型、半直立型和匍匐型，栽培种一般为直立型或半直立型。茎高多数品种在40～100cm之间，也有少数中晚熟或晚熟品种超过100cm。茎上有棱3～4条，棱角凸出呈翼状。茎上节部膨大，节间分明，节处着生复叶或分枝。多数节处和基部坚实，节间中空。茎色有绿、紫褐等，因品种而异。早熟品种茎秆较细小，节间短，分枝较少，多由茎的上部分枝；中晚熟或晚熟品种茎秆粗壮，节间长，分枝较多，多由茎的基部分枝。

（2）地下茎： 马铃薯种薯发芽生长后埋在土壤内的茎为地下茎，也是马铃薯的结薯部位。地下茎的长度随播种深度和生育期培土厚度的增加而增加，一般 10cm 左右，多数品种为 8 节左右。地下茎的节间较短，在节的部位生出匍匐茎，匍匐茎顶端膨大形成块茎。地下茎是养分与水分运输的枢纽，对植株生长和块茎发育起着承上启下的重要作用。

(3) 匍匐茎： 马铃薯的匍匐茎，是由地下茎节上的腋芽发育而成的，是形成块茎的器官。一般为白色，也有红紫色的，因品种而异。匍匐茎发生后，在地下略呈水平方向生长，其顶端弯曲，生长点在弯曲的内侧。匍匐茎各节上有鳞片状退化叶，每节上可形成细的不定根。匍匐茎的多少与品种特性和栽培条件密切相关，一般一个主茎上发生 4～8 条。通常一条匍匐茎只结一个块茎，也并不是所有的匍匐茎都能形成块茎，以每株 5～8 条匍匐茎形成块茎为宜。早熟品种一般匍匐茎较短，长 3～10cm，而晚熟品种的匍匐茎较长，有的达 10cm 以上。匍匐茎较短结薯集中，便于田间管理和收获。如果播种太浅、培土薄，或遇到土壤温度过高等不良环境条件，匍匐茎会长出地面，变成普通的分枝，影响结薯而减产。

(4) 块茎： 马铃薯的块茎既是贮存营养的经济产品器官，又是繁殖器官，是由地下匍匐茎顶端逐渐膨大而形成的，是一缩短而肥大了的变态茎。栽培马铃薯的目的，就是为了获得高产的块茎。块茎的形状、皮色、肉色、芽眼多少、芽眼深浅等性状都是区别品种的主要特征。

块茎的形状：马铃薯块茎形状有圆形、卵圆形、倒卵圆形、扁圆形、长圆形、椭圆形、长筒形等。芽眼的深浅可分为突出、浅、中等、深与很深。芽眼的深浅直接影响块茎的外观，芽眼浅的品种因易于去皮而很受欢迎。块茎的皮色是每个品种较稳定的性状，一般有白色、浅黄到深黄色、粉红到深红色、紫色到深紫色。有的品种块茎皮色由两种颜色组成，并在块茎表皮上有不同的分布。块茎表皮的光滑度因品种而异，但易受外界栽培环境的影响，一般描述为光滑、粗糙、有网纹等。块茎的肉色也是每个品种较稳定的性状，一般有白色、浅黄到深黄色，也有红、紫等彩色薯肉品种。生产马铃薯因不同的用途而对块茎形状的要求不同，如炸条品种为长圆形，炸片品种为圆形，鲜食为圆形或卵圆形等，并要求薯形美观、芽眼浅、表皮光滑、色泽悦目、脐部不陷等（见图 2-3）。

块茎的外部特征：块茎既然是变态的茎，必然具有地上茎的基本特征。块茎和地上茎一样，有顶端，也有基部。因为块茎是由匍匐茎顶端膨大形成的，块茎的顶端就是匍匐茎的生长点，所以顶部芽眼分布比较密集。最顶端的一个芽眼较大，内含芽较多，称为顶芽。在块茎萌发时，顶芽最先萌发，而且幼芽壮，长势旺盛，这种现象称为顶端优势。在生产上提倡利用幼小整薯作种，就是要充分发挥块茎的这种顶端优势，获得壮苗，以利提高产量。块茎与匍匐茎连接的一端为基部，也叫脐部。有些品种块茎的脐部向内凹陷，形成茎窝。块

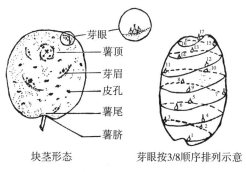

块茎形态　　　　　　　芽眼按3/8顺序排列示意

图 2-3　块茎形状

茎生长初期，每节上都有鳞片状退化小叶，呈黄白色或白色，随着块茎的膨大，退化小叶脱落，残留的叶痕呈新月状，称为芽眉。芽眉内侧表面向下凹陷的地方是芽眼，每个芽眼内有 3 个或 3 个以上未生长的芽，中间的为主芽，两侧的为副芽。发芽时主芽首先萌发，副芽呈休眠状，只有主芽受损时，副芽才会发芽。芽眼在块茎上呈螺旋状排列，排序与叶片在茎上的排序相同。块茎的表面有许多称为皮孔的小斑点，块茎通过皮孔与外界进行气体交换和蒸散水分。所以栽培土壤高温高湿时皮孔放大，不仅影响块茎的商品性，而且容易导致病害感染，不利贮藏。

　　块茎的内部结构：块茎的横切面上由外向里可以看到周皮、皮层、维管束环、外髓、内髓等。周皮即通常所说的薯皮，其厚度因品种和环境条件而异。新收获块茎的薯皮非常薄且易破，薯皮受损的块茎在贮藏过程中容易失水，而且伤口容易受病原菌的侵染。所以在贮藏前促使块茎薯皮变厚木栓化，有利于防止贮藏期块茎失水与感病。一旦薯皮受损，伤口处细胞就会迅速愈合以形成新周皮。周皮与维管束环之间是皮层，皮层是一层较薄的贮藏组织。块茎的中央部分为髓部，由含水较多呈半透明星芒状的内髓部和接近维管束环不甚明显的外髓部组成。外髓部占块茎的大部分，是营养物质的主要贮藏之处。内髓部在某些地方与外部芽连接（见图 2-4）。在块茎的各部分器官中，除周皮、表皮和形成层没有淀粉粒之外，其他组织都含有淀粉粒。

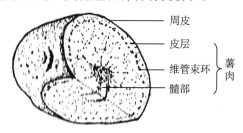

图 2-4　块茎的内部结构

块茎的营养成分：马铃薯块茎是贮藏器官，成龄植株总干物质含量的75%～85%集中在块茎。马铃薯主要成分含量见表2-1。

表 2-1　马铃薯块茎主要成分的含量（占湿重%）（Tvleuy kob，1976）

成分	最低	最高	平均
水分	63.2	86.9	76.63
干物质	13.1	36.8	23.7
淀粉	8.0	29.4	17.5
糖	0.1	8.0	1.0
纤维素	0.02	0.35	0.1
粗蛋白	0.7	4.6	2.0
粗脂肪	0.04	1.0	0.1
灰分	0.4	1.9	1.0
其他	0.1	1.02	0.63～0.67

马铃薯营养丰富，经常食用马铃薯对人体健康十分有益。马铃薯富含淀粉，淀粉颗粒大，兼有直链和支链结构型，属优质淀粉。马铃薯所含蛋白质与动物蛋白相近，含有丰富的氨基酸，可消化成分高，易为人体吸收。马铃薯含有多种维生素，有维生素 A、维生素 C 等，其中维生素 C 最为丰富，一个成年人食用 0.5kg/d 马铃薯，即可满足体内对维生素 C 的全部需要。马铃薯在北方广大农村，是冬季人们食物维生素 C 的主要来源。总之，马铃薯营养丰富齐全，而且营养成分平衡，受到许多国家人民重视和青睐。美国农业部门指出，每餐只吃全脂奶粉和马铃薯，便可以得到人体所需的全部营养元素。

此外应当指出，马铃薯块茎中还含有一种特殊的葡萄糖生物碱——龙葵素，大部分集中在块茎的外层，一般含量占鲜重的 0.007%～0.009%，对人体是十分安全的。但如果块茎在发芽或直接受光变绿时，都会显著增加龙葵素含量，食用时会麻口；若 100g 鲜块茎中龙葵素含量超过 20mg，食用后就会中毒。

3. 叶

马铃薯的叶片是进行光合作用制造营养的主要器官，是产量形成的"工厂"。马铃薯的叶片为奇数羽状复叶，用块茎繁殖时，初生叶为单叶，第 2～5 叶为不完全复叶，叶片肥厚，叶面密生茸毛。一般从第 5、6 片叶开始长出品种固有的羽状复叶，复叶顶端小叶片叫作顶小叶，两侧成对着生的小叶叫作侧小叶。顶小叶一般较侧小叶大，形状也略有不同，侧小叶一般有 3～7 对。顶小叶的形状和侧小叶的对数，是品种比较稳定的性状，可作为鉴别品种的依据之一。侧小叶之间有大小不等的次生裂片，顶小叶和侧小叶都有小叶柄，着生于复叶中肋上。复叶的叶柄很发达，叶柄基部有一对托叶。健康的叶片小叶平展，色泽光润；患病毒病的叶片皱缩，叶面不平，复叶变小；被螨虫侵害的小叶片边缘向内卷曲，叶背失去光亮（见图2-5）。

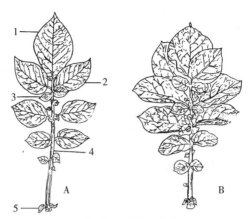

图2-5　马铃薯复叶

A. 疏散型　B. 紧密型

1. 顶小叶　2. 侧小叶　3. 二次小叶　4. 中肋（叶轴）　5. 托叶

4. 花

马铃薯的花是有性繁殖器官，马铃薯的花序是分枝型的聚伞花序。花序的总花梗着生于茎的叶腋处，花梗上有分枝，每个分枝着生2～4朵花（见图2-6）。每个小花有一个花柄着生在花序上，小花柄上有一个节，落花落果都是由这里产生离层后脱落的。花由5瓣联结，形成轮状花冠。花内有5个雄蕊、1个雌蕊，雄蕊花药聚生，抱合着中央的雌蕊。雌蕊子房横剖面中心部的颜色与块茎的皮色、花冠基部的颜色相一致。花蕾由5片花萼包围，花蕾形状与萼片的长短因品种而异，可作为鉴别品种的标志。马铃薯的花色有白、浅红、紫

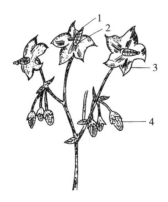

图2-6　马铃薯的花

1. 雄蕊　2. 雌蕊　3. 花冠　4. 花蕾

红、蓝、蓝紫等多种艳丽色彩，少数品种的花具有清香味。每朵花开花持续时间为3～5d，一个花序开花持续时间为10～40d，整个植株开花期可持续10～50d以上。一般在上午8时左右开花，下午5时左右闭花。马铃薯属于自花授粉作物，天然杂交率极低。马铃薯的雄性不孕现象，在自然界相当普遍。

5. 果实与种子

马铃薯的果实为浆果，多为圆形，少数为椭圆形，前期为绿色，接近成熟时顶部变白，逐渐变为黄绿色。有的品种浆果带褐色、紫色斑纹或白点等。不同品种浆果大小差异很大，直径1～3cm。开花授粉后5～7d子房开始膨大，发育30～40d果实即可成熟。每个成熟浆果中一般有100～250粒种子，多者可达500粒。有的浆果为伪果，没有种子。马铃薯的种子很小，一般为扁平近圆形或卵圆形，浅褐色或淡黄色，种皮上密布细毛。这种种子也叫实生种子，多数品种千粒重0.5～0.6g。种子的休眠期约为6个月，通常在干燥低温下贮藏7～8年，仍不失发芽能力（见图2-7）。

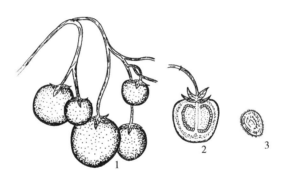

图2-7 马铃薯浆果和种子
1. 浆果 2. 浆果剖面 3. 种子

三、生长发育特性

（一）马铃薯生育时期

马铃薯的生育时期从播种发芽至成熟收获可分为发芽期、幼苗期、发棵期、结薯期和成熟期5个阶段。这5个阶段不能截然分开，是一个连续完整的生长发育过程。

1. 发芽期

马铃薯的发芽期是从解除休眠的种薯播种后，芽眼萌动、发芽，直至幼苗出土。发芽期的长短，因品种特性、种薯生理年龄、贮藏条件、播种季节、栽培水平等而不同，一般为20～30d。此期生长的中心是发根、芽的伸长和匍匐茎的分化，同时伴随着叶、侧枝和花原基等器官的分化，是马铃薯建立根系、出苗，为壮苗和结薯以及产量形成打基础的阶段。在发芽期，生长发育所需的营养主要来源于母薯块（种薯）。发芽期管理的关键措施是通过催芽处理，可使种薯达到最佳的生理年龄；创造良好的土壤条件，如足够的墒情、充分的氧气和适宜的温度等，促使种薯中的养分、水分、内原激素等充分调动起来，加强茎轴、根系和叶原基的分化和生长。

2. 幼苗期

马铃薯的幼苗期是从出苗到第 6 叶或第 8 叶展平，俗称团棵。幼苗期一般历时 15～25d，因品种熟性而异。此期根系继续扩展，茎叶继续分化和生长，并开始进行光合作用制造养分。幼苗期以根系、茎叶的生长为中心，同时伴随着匍匐茎的形成、伸长以及花芽的分化。这期间植株的总生长量不大，但关系到以后的发棵、结薯和产量的形成。根深叶茂是丰产的基础，只有强壮发达的根系，才能从土壤中吸收更多的无机营养与水分，供给茎叶的生长，建立强大的绿色体，制造更多的光合产物，促进块茎的发育和干物质的积累，提高块茎产量。幼苗期的田间管理重点是锄草松土，提高土温，协调土壤中的水分和氧气，促进根系发育，培育壮苗，为高产建立良好的物质基础。

3. 发棵期

马铃薯的发棵期是从团棵开始到主茎形成封顶叶（早熟品种一般为第 12 叶，中晚熟品种为 16～18 叶）展平，早熟品种第 1 花序开花并发生第 1 对顶生侧枝，晚熟品种第 2 花序开花并从花序下发生第 2 对侧枝，以及主茎上也发生部分侧枝，分枝叶也相继开展。此期株高达到总株高的 50% 左右，早熟品种的叶面积达到总叶面积的 80% 以上，晚熟品种达到 50% 以上。发棵期仍以建立强大的同化系统为中心并逐步转向块茎生长为特点，大约历时 30d 左右。该期是决定单株结薯多少的关键时期，田间管理重点是对温、光、水、肥进行合理调控，前期以肥水促进茎叶生长，后期以中耕结合深培土来控秧促薯，进而使植株生长中心由茎叶生长为主转向以地下块茎膨大为主。

4. 结薯期

马铃薯的结薯期是主茎生长完成，并开始侧生茎叶生长，茎叶和块茎的干物质量达到平衡时，便进入以块茎生长为主的结薯期。此期的新生块茎是光合产物分配中心向地下部转移，是产量形成的关键时期。块茎的体积和重量保持迅速增长趋势，直至收获。初期茎叶缓慢生长，叶面积逐渐达到最大值，后期植株叶片开始从基部向上逐渐枯黄，甚至脱落，叶面积迅速下降。结薯期的长短因品种、气候条件、栽培季节、病虫害等而有很大变化，一般持续 30～50d，80% 的产量是在此期形成的。结薯期应采取一切措施，加强田间管理和病虫害防治，防止茎叶早衰，尽量延长茎叶的功能期，增加光合作用的时间和强度，使块茎积累更多光合产物。结薯期间每延长 1d，一般每亩可增加块茎产量 40～50kg。

5. 成熟期

马铃薯没有严格的成熟期，当 50％ 的植株茎叶枯黄时，即进入成熟期，此时块茎极易从匍匐茎端脱落。在许多地区，一般可看到早熟品种的茎叶转黄，大部分晚熟品种由于当地有效生长期和初霜期的限制，往往未等到茎叶枯黄即需要收获。马铃薯的收获期，应当根据当地的气候条件、品种类型、市场需求以及对块茎品质的要求等因素来确定。

（二）块茎的形成

马铃薯植株在地上茎开始出现分枝时，地下茎也相应长出匍匐茎并开始形成块茎（但并非所有匍匐茎都形成块茎）。块茎的发生是匍匐茎的最后一个节间细胞的分裂和膨大而形成。细胞的分裂决定细胞的数目，细胞的膨大决定细胞的体积，因此在块茎形成过程中，块茎大小和重量的增加取决于细胞数目及其体积的增加，但很大程度上受细胞分裂控制。在生育前期，块茎生长以细胞分裂为主；在生育后期，块茎生长以细胞体积增大为主。多数品种在现蕾期块茎开始膨大，到了开花盛期，植株叶面积最大，制造养分的能力最强，所以作为植株养分贮藏库的块茎的增长速度也最快。养分积累的高峰期，每亩马铃薯一昼夜能增长块茎重量 100kg 左右。而后随着地上茎叶的逐渐衰退，输入块茎的养分也相应减少，一直到茎叶完全枯死，块茎才停止增长。此时块茎皮层加厚，表皮组织逐渐木栓化，块茎进入休眠期。

在块茎形成过程中，块茎内淀粉自始至终都在不断积累，只是前期积累较缓慢，而后期积累加快，特别是终花期至茎叶枯萎淀粉积累增速最快；蛋白质变幅较小，几乎全是在生长初期形成的；而维生素 C 在整个生长期浓度逐渐提高，直至茎叶衰老时达到最大值，如果延迟收获又会下降。

（三）块茎的休眠

新收获的块茎即使处在最适宜的发芽条件下也不能发芽，必须经过一段较长的时间（2～4 个月）才能发芽，这种现象称为块茎的休眠。从块茎收获到其芽眼萌动的一段时期就叫休眠期。块茎休眠是由内外多种因素综合作用而引起的，刚收获的块茎内抑制生长的生化物质和抑制剂浓度高，在休眠期，块茎内脱落酸等植物生长抑制剂的浓度会逐渐减少，而赤霉素等植物生长激素的浓度会逐渐增加。因此，这些块茎内生长调节剂的平衡决定着休眠期的长短。实际上，块茎在母体植株的匍匐茎顶端开始膨大时即进入休眠，为了便于计算休眠期，一般认为从收获开始块茎进入休眠。块茎休眠期的长短，与品种的遗传特性、块茎在田间膨大的早晚、生长所处的环境条件、收获时的成熟度和贮藏温度等许多因素有关。在一般室温条件下，有的品种休眠期短至 1 个月，有的品种休眠期长达 4～5 个月。对同一个品种来说，生长期短的幼嫩块茎比正常成熟的块茎休眠期要长。块茎处于 7℃ 以上的温度条件下，可以自然通过休眠，随着温度的增高，块茎的休眠期相对缩短而提早发芽；温度控制在 1～3℃ 条件下块茎可以较长期不发芽。

在实践中，根据需要可以人为控制块茎休眠期的长短。低温贮藏或使用抑芽剂，可延长休眠期，从而延长菜用商品薯供应市场的时间和加工原料薯的加工期。用生长激素或引起伤口的方法，可以打破休眠缩短块茎的休眠期。

（四）块茎的生理年龄

新收获的块茎，通过休眠到芽眼开始萌动，要经历 4 个生理阶段，这些阶段也可称为马铃薯块茎的生理年龄。一是休眠期或休眠阶段，一般是在收获后的 1～2 个月内处于休眠的块茎。二是顶芽优势期（幼龄期），约在块茎收获后的 2～4 个月，只有顶部芽眼萌发，中部和基部的芽眼仍处于休眠状态的块茎。三是多芽期（壮龄期），约在块茎收获后的 4～5 个月，块茎上、中部的芽眼萌发，具有 5～6 个壮芽的块茎。四是衰老期（老龄），收获后 6 个月以上的块茎，具有许多衰老细弱的芽，块茎失水，薯皮皱缩。块茎不同生理阶段时间的长短，与品种、块茎收获后所处的环境条件（温度、湿度）有密切关系。播种时种薯所处的生理年龄，对田间出苗早晚、茎叶长势、根系强弱、块茎发生早晚、产量形成进程和最终产量都有影响。

在实践中，利用多芽期（壮龄）的种薯播种最好，这个生理年龄的种薯出苗早而整齐，主茎数多，单株所结块茎数多，产量高。如采用生理老龄的种薯播种，虽然出苗早，但植株早衰，产量低；而且条件不良时，还易产生梦生薯，造成缺苗断垄。

（五）马铃薯的再生特性

马铃薯有很强的再生性。如果把马铃薯的主茎或分枝从植株上取下来，给它一定的条件，满足它对水分、温度和空气的要求，下部节上就能长出新根，上部节的腋芽也能长成新的植株。当马铃薯植株地上茎遭到破坏，其很快就能从残留茎部的叶腋中发出新的枝条，长出新的叶片，补偿被损茎叶制造营养和输送养分的功能，使地下块茎继续膨大，因此马铃薯较其他作物有较强的抵御雹灾和冷害的能力。在生产上，可以利用马铃薯很强的再生能力，采用"育芽掰苗移栽""剪枝扦插"和"压蔓"等措施来扩大种薯繁殖倍数，加快新品种的推广速度。

第三章 | CHAPTER 3
马铃薯生长的适宜环境条件

一、温度

马铃薯生长发育需要较冷凉的气候条件，因为马铃薯原产南美洲安第斯山高山区，那里年平均气温5～10℃，最高平均气温21℃左右。我国的西北、西南山区和北方一些地区，接近马铃薯原产地的温度条件，最适宜栽培马铃薯。不过经长期人工选育的各种类型品种，对温度的反应已有所不同。同时通过对播种期的调节，避开炎夏，将马铃薯生长期安排在凉爽季节，我国其他大部分地区也可种植马铃薯。

1. 发芽

马铃薯在发芽期生长所需的水分和养料都由种薯供给，这时的温度是关键。种薯通过休眠后，当温度达到5℃时，芽开始萌动，但极为缓慢；7℃时开始发芽，但速度较慢；当温度达到12℃左右时，幼芽生长加快。幼芽发育最适宜的温度为13～18℃，在此温度下发育的幼芽粗壮，根量多。用于催芽的温度应在15～20℃。

播种时，10cm土层的温度达到7℃时，幼芽即可生长，12℃以上即可顺利出苗。气温较低时，在播种后覆盖地膜，可以提高地温2～3℃，有利于根系发育，并可早出苗，出壮苗。但要注意，凡是早春气温低、土温升高缓慢的冷凉地区或山区，播种期不宜过早，以免产生梦生薯，造成缺苗断垄影响产量。所谓梦生薯，就是播种后种块上的幼芽在土壤中直接形成了小块茎。这是因为播种前种薯窖温度过高，种薯早已度过休眠并发出较长的芽子，播种后遇低温，无生长条件，较长时间不能出苗，致使种薯中的营养向芽中转移，以至芽中积累了大量营养而膨大，最终产生了梦生薯。在生产中，经过催大芽的种薯，更不宜提早播种。

2. 茎叶生长

茎叶生长最适宜的温度为16～22℃。当气温降低到−1℃时，幼苗就会受冻害，−3℃时，植株将全部冻死。春季马铃薯如出苗过早，晚霜未过，幼苗常被冻死，虽然在土壤中的种薯的侧芽可重新发出，但延缓了发育，会最终影响产量。气温过高，如日平均气温超过 25℃，茎叶生长缓慢。当温度低于 7℃ 或高于 35℃时，茎叶停止生长。

3. 块茎形成和膨大

结薯期的温度高低，直接影响块茎形成及其干物质积累，马铃薯在这个时期对温度要求非常严格。马铃薯块茎形成和膨大适宜的温度为 17～19℃，温度低于 2℃和高于 29℃时，块茎停止生长。低温可以提早块茎的形成，高温不仅降低块茎产量，而且会促进块茎中病毒的增殖与积累，加速退化使其失去种性。块茎成熟期若遇到高温和土壤通气不良引起缺氧，易造成薯心或薯肉中间出现黑色斑块，使块茎品质变劣。

昼夜温差的大小，对块茎的生长亦有很大影响。昼夜温差大时，夜间的低温使植株和块茎的呼吸强度减弱，消耗能量少，有利于块茎生长，有利于将白天植株进行光合作用的产物向块茎中运输和积累。夜间较低的气温比较低的土温对块茎的形成更为重要，而且对块茎的种性也影响很大。植株处在土温16～19℃的情况下，夜间低气温有利于块茎形成和膨大。高海拔、高纬度地区的昼夜温差大，生产的马铃薯块茎大、干物质含量高、产量高。夜间气温高达25℃时，则块茎的呼吸强度剧增，大量消耗养分而停止生长。因此，块茎膨大期间，要适时适量灌水，调节土温，满足块茎生长对土温和湿度的要求，达到增产的目的。

二、光照

马铃薯是喜光作物，在生长期间日照时间长，光照强度大，有利于光合作用。光照有两层含义，一是光照的强弱，二是日照的长短。马铃薯的生长、形态建成和产量形成，对光照强度及日照时间长短都有强烈的反应。我国栽培的马铃薯品种大多数都是长日照类型，而且都需要强光照。

1. 光照对发芽的影响

光对块茎的芽伸长有明显的抑制作用，把窖藏期间度过了休眠期并已萌芽的种薯放于散射光下催芽，可催成绿色短壮芽，播种时不易损伤，出苗整齐、健壮；生理年龄处于多芽期的种薯，在散射光下催芽，可使每个块茎产生多个短壮芽，增加结薯数，获得高产。所以，在散射光下催芽，使种薯产生 3～4cm 的大芽，是一项重要的增产措施。催出的大芽基部，可见到有许多凸起的根点，播种后当温度、水分适合时，根点很快生根吸收水分和养分，有利地上部芽条早发棵、早结薯，为高产奠定良好的基础。

2. 光照对茎叶生长的影响

马铃薯的幼苗期需要强光照、较短的日照和适宜的温度，有利于发根、壮苗和提早结薯。发棵期在强光照、长日照（16h左右）和适当的温度条件下，植株生长快，茎秆粗壮，枝叶繁茂，形成强大的绿色体，是块茎膨大和产量积累的物质基础。结薯期强光照、短日照、昼夜温差大，有利于块茎膨大和淀粉积累，有利于提高块茎产量。在高纬度和高海拔地区的马铃薯，生长条件非常符合马铃薯各生育阶段理想的光照强度和日照长度，因此生产的马铃薯块大、干物质含量高、产量高。在强光、长日照条件下，有利于植株发棵、长叶，种植过密时，植株相互遮阴，光照不足，中下部叶片过早枯黄、落叶，影响光合生产率，引起减产。在强光、短日照条件下，同一品种的植株高度较长日照条件下矮，匍匐茎变短，种植时应适当增加密度。

3. 光照对块茎形成和膨大的影响

日照长短不影响匍匐茎的形成，但短日照不但抑制植株的高度，而且抑制匍匐茎的长度，匍匐茎顶端膨大较长日照下早而快，促进植株早衰，提前成熟。有些品种在北方长日照的一作区为中熟品种，而在短日照的南方冬作区则表现为早熟而且芽眼有变浅的趋势。早熟品种对日照长短反应不敏感，在春季和初夏的长日照条件下，对块茎的形成和膨大影响不大，而晚熟品种则相反，只有通过生长后期日照逐渐缩短，才能获得高产。

三、土壤

马铃薯对土壤适应的范围较广，但最适合马铃薯生长的土壤是肥沃、土层深厚、疏松、透气性好、微酸性的沙壤土或壤土。这类土壤有利于马铃薯的根系发育和块茎膨大以及干物质的积累；春季受阳光辐射土温回升快，发芽快，出苗齐，有利于早播、发芽并促进植株的生长；生长的块茎表皮干净、光滑，薯形规正、整齐，商品性好；雨水多时可及时下渗排除，利于耕作和收获，节省劳动力。马铃薯高产纪录多出现在这种土壤类型中。

黏重的土壤虽然保水保肥能力强，但透气性差。播种时如土壤湿冷，种块在土壤中不能及时出苗，易造成烂种。因土壤黏重易板结，往往根系发育不良，进而影响植株的生长和块茎膨大，易产生畸形薯，薯皮粗糙，商品性差。苗期还易发生黑胫病。收获时如土壤中水分过多而不能及时排除，由于土壤中缺氧，新生块茎的皮孔增大，极易感染细菌病害，导致腐烂。因此，黏重的土壤种植马铃薯时，最好作高垄栽培，以减少由于土壤透水性差或排水不良导致烂种。在田间管理方面，要掌握适宜墒情，及时进行中耕、锄草和培土，避免土壤板结变硬而引起田间管理不方便，尤其是培土困难使块茎外露而影响品质。在黏重的土壤上生产的马铃薯块茎淀粉含量一般偏低。但是，黏重土壤只要排水良好，干旱时能及时灌溉，及时中耕，也能获得高产。

沙性大的土壤结构性差，水分蒸发量大，保水保肥能力差，因此，应多施有机肥，以改善土壤结构。种植马铃薯时，春季土壤温度回升快，可适时早播种；无浇水条件时，应进行平作，不宜垄作，以减少土壤水分蒸发。沙土种植马铃薯，利于中耕作业和收获，即使降雨，雨过天晴可立即收获，而且块茎腐烂率低。只要水分适宜，适当增施肥料，也能获得高产。沙土中生长的马铃薯，块茎特别整洁，表皮光滑，薯形规正，淀粉含量高，品质好，商品性好。

马铃薯对土壤的酸碱性也有较严格的要求。马铃薯是较喜微酸性土壤的作物，土壤 pH 在 4.8～7.0 的范围内生长都比较正常，但最适宜的土壤 pH 在 5.0～5.5 之间。多数品种在 pH5.5～6.5 之间的土壤上种植，块茎淀粉含量有增加的趋势。当土壤 pH 小于 4.8，马铃薯植株叶色变淡，生长不正常，早衰减产。当土壤 pH 大于 7.0 时，会造成大幅度减产。碱性过大。土壤 pH 在 7.8 以上时，不适于种植马铃薯，不仅产量低，而且有的品种还不能正常出苗。另外，在石灰质含量高的土壤中种植马铃薯，因放线菌特别活跃，使块茎容易发生疮痂病，应注意施用酸性肥料。

四、水分

水是马铃薯产量形成的物质基础，马铃薯是一种需水较多的作物。马铃薯植物体中有 70%～90% 的含水量，块茎中的含水量一般为 75%～80%。水是马铃薯植株进行光合作用的重要原料，是植株体内有机物质的合成、分解和运转不可缺少的物质成分；根系对土壤矿质营养的吸收和运转，必须有足够的水分才能进行；通过水分的蒸腾作用，植株才能保持体内温度较为稳定；由于水分的充实，维持植株细胞膨胀，使马铃薯植株保持直立不倒。马铃薯植株每生产 1kg 块茎约消耗水 100～150kg。一般每亩生产 2 000kg 块茎，需水量为 280t 左右。马铃薯需水量的多少与品种、生长环境条件密切相关，耐旱品种的根系活力强，有较好的保水能力，对水分利用效率高，耗水量相对少一些；当空气湿度相对较高、风速小或太阳辐射强度较小时，植株蒸腾量小，则需水量也小。

马铃薯需水虽多，但抗旱能力也强，几乎与谷类作物相似。而且，马铃薯不同生长时期对水分的要求不同。

1. 发芽期

播种时如土壤墒情较好，仅凭种薯内贮存的水分便能正常发芽，幼芽产生的根系从土壤中吸收水分后，即可正常出苗。如土壤干旱，种薯不但不能出苗，而且种薯中的水分反被土壤吸收，造成种薯干瘪。土壤水分过多，则通气不良，影响出苗和生根。因此，这个时期要求土壤保持湿润状态，土壤含水量应为田间最大持水量的40%～50%，土壤通气性良好即可。

2. 幼苗期

幼苗期适宜的土壤湿度约为田间最大持水量的50%～60%，保持土壤中有足够的空气，有利于根系发育并向土壤深层伸展，以及茎叶苗壮生长提早结薯。当土壤水分低于田间最大持水量的40%时，植株生长不良。

3. 发棵期

此期植株进入快速生长阶段，前期需水量较大，土壤水分应保持在田间最大持水量的70%～80%，可提高根系对氮、磷、钾的吸收，促进茎叶生长，形成强大的绿色体，为获得高产奠定良好的基础。发棵期后期，为促使植株由茎叶生长为主转向以块茎生长为主，可适当控制水分，将田间最大持水量降低到60%，起到控秧促薯作用，以顺利进入结薯期。

4. 结薯期

此期块茎膨大，地上部分茎叶生长达到高峰，是马铃薯生长需水量最大的时期。特别是结薯前期，如果缺水会引起大幅度减产。所以，这一时期是对土壤水分最敏感的时期。如遇到较大干旱块茎生长受阻，待灌水或降雨时，块茎易产生二次生长，形成畸形薯，从而影响块茎的商品品质。结薯期土壤水分应保持在田间最大持水量的80%～85%为宜。接近收获时，土壤含水量应降低到田间最大持水量的50%～60%，促使薯皮老化，以便收获。

总之，经常保持土壤有足够的水分，是马铃薯获得高产的重要条件。通常土壤水分应保持在田间最大持水量的60%～80%比较合适。但土壤水分过多，会对植株生长产生不良影响，特别是后期土壤水分过多或积水超过24h，块茎就会发生腐烂。

五、肥料

马铃薯是高产作物，需要肥料也较多。只有肥料充足时，马铃薯才能获得高产。马铃薯吸收最多的矿质养分为氮、磷、钾，是促进马铃薯根系、茎叶和块茎生长的主要元素，其中对钾吸收最多，其次为氮，再次为磷。一般每生产1 000kg马铃薯块茎约需氮5kg，磷2kg，钾11kg。此外，马铃薯还需吸收钙、镁、硫和微量的铁、硼、锌、锰、铜、钼、钠等营养元素。在马铃薯生长发育过程中，这些矿质养分无论常量元素还是微量元素，都是不可缺少的，也是不能相互替代的。

1. 氮肥

氮素肥料对马铃薯生长具有重要作用，特别是对茎叶的生长起主导作用。氮是植株体内许多重要有机化合物的组成部分，如蛋白质、叶绿素、生物碱和一些激素等都含有氮。适当施用氮肥，能促进马铃薯茎叶生长，枝叶繁茂，叶色浓绿，叶片功能期延长，有利于光合作用和养分积累，达到提高块茎产量和蛋白质含量的目的。

施用氮肥过量，会引起植株徒长，贪青晚熟，结薯延迟，易受病害侵染，从而引起产量降低。种薯生产田过量施用氮肥，生长过旺，使病毒病症状隐蔽，不利于及时拔除病株，同时延缓植株成龄抗性的形成，大大降低种薯质量。相反，氮肥不足，会引起植株生长不良，根系弱，茎秆矮，叶片小，叶色变浅呈黄绿或灰绿，分枝少，开花早，下部叶片早枯等，不仅引起减产，而且块茎品质也受到影响。

2. 磷肥

马铃薯对磷素肥料需要量虽少，但对植株生长同样具有重要作用。磷是植株体内多种重要化合物如核酸、核苷酸、磷脂等的组成成分，同时参与体内碳水化合物、蛋白质、脂肪的合成与分解以及能量代谢等。磷肥能促进根系发育，增强植株的抗旱、抗寒能力和适应性。磷肥充足时，能提高氮肥利用效率，幼苗发育健壮，还有促进植株早熟，增加块茎干物质和淀粉积累，增强块茎耐贮性的作用。

磷肥不足时，根系的数量和长度减少，植株生长发育缓慢，茎秆矮小或细弱僵立，缺乏弹性，分枝减少，叶片变小，向上卷曲，叶色暗绿无光泽，光合效率降低。严重缺磷的植株基部叶片叶尖褪绿变褐，逐渐向全叶扩展，叶片黄化，最后整个叶片枯萎脱落。缺磷会减少匍匐茎数量，使块茎少而小；有时块茎薯肉会出现褐色锈斑，蒸煮时薯肉锈斑处脆而不软，严重影响品质。我国多数地区土壤中有效磷较为缺乏，施用磷肥有极其明显的增产效果。

3. 钾肥

马铃薯是喜钾作物，植株生长发育和块茎膨大需钾量很多。钾素在马铃薯植株体内不形成稳定的化合物而呈离子状态存在，主要集中分布在生长活跃的部分。钾主要起调节生理功能的作用，提高光合作用效率和促进光合产物的运输，促进体内淀粉、蛋白质、纤维素的合成与积累。钾肥充足，植株生长健壮，茎秆坚实，叶片增厚，组织致密，抗病性和抗寒力增强。钾素营养对马铃薯的品质有重要影响。

缺钾时，马铃薯植株节间缩短，发育延迟，叶片变小，叶片在后期出现古铜色斑，叶缘向下弯曲，植株下部叶片早枯；根系不发达，匍匐茎缩短，块茎小产量低，品质差；块茎蒸煮时薯肉呈灰黑色。

4. 其他矿物元素

马铃薯生长发育除了需要以上氮、磷、钾肥外，还需要钙、镁、硫、锌、铜、钼、铁、锰等微量元素。对这些微量元素，虽然需要量极少，但缺少时却会影响马铃薯的生长发育和生理代谢，表现出各种生长不正常的缺素症状，即矿质营养缺乏症。马铃薯作为高产作物，对矿质营养要求很高，缺少任何一种元素，都会不同程度引起减产和品质下降。缺钙时，块茎会空心或变黑；缺镁时，会导致叶片变黄变褐，变厚变脆并枯萎脱落，植株早衰而减产。一般酸性土壤容易缺钙，可施用石灰加以补充。缺镁多发生在沙质与酸性土壤，沟施硫酸镁或其他含镁肥料，有较好的增产效果。其他微量元素缺少时也可引起缺乏症，但绝大部分土壤中这些元素并不缺乏，所以一般不需施用。

一、马铃薯杂交育种的主要特点

1. 无性繁殖特点

无性繁殖是马铃薯与其他主要农作物在育种上的最大差别。一旦获得综合性状优良的个体，就可以通过无性繁殖的方式稳定下来，形成稳定的品种。杂种优势可以通过无性繁殖的方式固定下来，按理说育种所需年限应该较短。正是这种无性繁殖的特征使得现有的马铃薯品种都是遗传杂合体，表现出较强的杂种优势。这种高度杂合的遗传基础对育种是非常不利的，很难将人们需要的有利性状尽可能多地集中于一个品种中，同时也很难通过亲本的表现来预测后代的性状。

2. 四体遗传特点

一般栽培的马铃薯都是同源四倍体，其遗传行为遵循同源四倍体的四体遗传规律，增加了性状分离的复杂程度。

在 4 条同源染色体中，每条染色体的一定位点上的等位基因有 5 种可能的基因型：全显性（AAAA）、三显性（AAAa）、双显性（AAaa）、单显性（Aaaa）和无显性（aaaa）。

单显性（Aaaa）杂合子的自交分离为 1AAaa：2Aaaa：1aaaa，表现型分离为 3：1。双显性（AAaa）杂合子的自交分离为 1AAAA：8AAAa：18AAaa：8Aaaa：1aaaa，表现型分离为 35：1。两个独立基因的基因型分离则更为复杂，双显性 AAaaBBbb 的自交分离为 1 225AB：35A：35B：1ab，其中 2 个基因的隐性纯合体的频率仅为 1/1 296，在这样的基因型后代中要选出 2 个基因的隐性或显性纯合体实际上几乎不可能。

马铃薯遗传上的异质性和四体遗传的复杂性，确定了马铃薯的新品种选育概率非常低。据美国统计，约 20 万株杂种实生苗选出 1 个优良品种。

3. 自交衰退特点

为了使基础材料尽可能纯一些，以便进行遗传性状的操作，自交无疑是一种简便有效的方法。但对马铃薯来说，不仅因其四体遗传的特点大大增加了自交的代数，更为致命的是，自交带来的衰退是难以克服的。自交数代后，植株的生活力明显下降，甚至不再开花，很难继续自交下去。这种特性限制了亲本的纯合，为遗传性状的操作带来很大难度。

4. 病毒性退化特点

正因为马铃薯是无性繁殖作物，极易感染病毒，并在体内积累，通过块茎逐代传递，导致无性系退化。这种退化为正确评价无性系造成了困难，往往尚未完全对一无性系认识清楚时，由于病毒的原因，完全遮盖了无性系的真实面目。另一方面，由于病毒性退化的原因，一个有希望的品系还未出圃就已退化，育种速度赶不上退化速度。

二、马铃薯育种方向与目标

（一）甘肃省马铃薯育种所经历的阶段

甘肃省马铃薯育种工作始于 1950 年，甘肃省洮岷农场从引进美国实生籽育苗中陆续选育出岷县 1 号、岷县 2 号、岷县 3 号、岷县 15 号等。

1959—1962 年，甘肃省农科院马铃薯研究科技人员对全省马铃薯地方品种资源进行搜集整理，共搜集整理地方品种 6 大类 21 个品种，并引进一批国外资源。

1963—1969 年，开展抗晚疫育种，育成了抗疫 1 号、胜利 1 号等品种。

1970—1980 年，开展抗病高产育种，育成了渭会 2 号、适应广、大白花等品种。

1981—1989 年，转入抗病毒育种，育成了陇薯 1 号、陇薯 4 号等新品种。

1990—1999 年，适时转入品质育种，育成了陇薯 3 号、陇薯 6 号等高淀粉新品种。

2000 年至今顺应马铃薯产业发展需要，积极开展专用品种选育，育成了油炸薯食品及全粉加工型陇薯 7 号、LK99、陇薯 9 号、陇薯 12 号、陇薯 14 号，淀粉加工型陇薯 8 号和鲜食菜用型陇薯 10 号、陇薯 11 号、陇薯 13 号等新品种。

（二）当前马铃薯育种目标

1. 一般目标要求

（1）抗病：高抗晚疫病，对病毒病具有较强的田间抗性，很少感染环腐、黑胫病。

（2）高产：在高寒阴湿、二阴地区一般亩产 30t/hm² 以上或比当地主栽品种增产 10％以上，在半干旱地区一般亩产 15～22.5t/hm² 以上或比当地主栽品种增产 10% 以上。

（3）其他： 中熟或中晚熟，株型直立或半直立，生长势强，薯块整齐，大中薯率 80% 以上，薯形规正，无或很少空心、黑心薯，畸形薯少，薯肉氧化褐变轻缓，食味优良，耐贮性强。

2. 特殊目标要求

（1）菜用型品种： 薯块圆或椭圆形，芽眼较浅，薯形美观，表皮光滑，干物质含量 22% 以下，粗蛋白 2.0% 以上，维生素 C 20mg/100g 以上。

（2）淀粉加工专用型品种： 薯块圆或椭圆形，皮、肉白色或淡黄色，薯块淀粉含量 20% 以上。

（3）薯片（条）及全粉加工专用型品种： 薯块圆或长椭圆形，规整美观，表皮光滑，芽眼少而浅，皮、肉色白或乳白色，薯块比重 1.08 以上，干物质含量 22% 以上，粗蛋白 1.8% 以上，维生素 C 15mg/100g 以上，还原糖含量一般要求 0.25% 以下，并耐低温糖化，最高不超过 0.4%，而且回暖处理降糖效果显著。

三、马铃薯杂交育种程序及其试验操作方法

目前，甘肃应用的马铃薯杂交育种程序如图 4-1 所述：

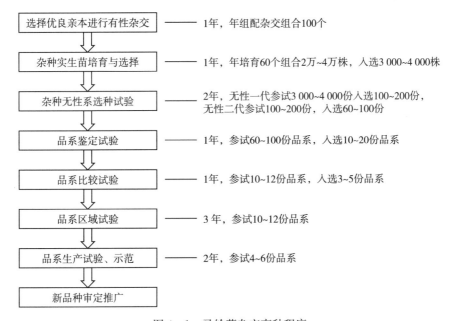

图 4-1　马铃薯杂交育种程序

（一）有性杂交

1. 亲本选配原则

（1）亲本优点多，主要性状突出，缺点少又较易克服，两亲本主要性状的优缺点要能互相弥补。

（2）选用当地主栽品种作为亲本之一。

（3）选用遗传背景差异较大、亲缘关系较远的材料作亲本。

（4）选用一般配合力好的材料作亲本。

（5）还要注意亲本雌雄蕊的育性。

有的品种雌蕊败育不能作母本，但这种完全雌性不孕在 Tuberosum 栽培品种当中相当罕见；有的品种无花粉或有效花粉率极低（可用醋酸洋红染色检测）不适合作父本，但可以不去雄用作母本。如果植株雄性能育性较低而且需用作父本时，则需要大量授粉才能得到杂交种子。如花药花柱并生，花药不裂开以及花药着色浅往往与雄性不育相一致。花粉散落的程度与能育性有高度的正相关。

2. 提高杂交效果的技术

（1）改善环境条件，促进开花。 亲本材料种植在水肥条件较好的地块，保持土壤水分，合理施肥，人工调节田间小气候，可促进开花。长日照和延迟栽植也能诱导开花。气温在 15～20℃，马铃薯可产生较多的正常可育花粉。

（2） 加强植株上部的同化作用，阻止同化产物向下输送，会显著地改进开花状况与提高坐果率。常用的有嫁接法（将马铃薯接穗嫁接在番茄砧木上）与砖块法（将马铃薯栽种在砖块上）两种方法。

（3）赤霉素处理： 于马铃薯孕蕾期间，每隔 5～6d 用 50mg/L 的赤霉素水溶液喷洒植株一次，有防止花芽产生离层和刺激开花的作用。

（4） 母本花序插入室内瓶中授粉。将即将开放的母本花序枝条放在 0.5% 高锰酸钾溶液中剪断并保留上部 4～5 片叶且去掉顶芽，插入水瓶（水中加入 8～10mg/L 链霉素以防止细菌感染），保持室内温度白天 20～22℃，夜间15～16℃，而后进行杂交授粉。

（5） 多量花粉授粉或重复授粉，提高杂交率与结实率。

（6）调节开花授粉期： 如父母本熟性不同而花期不遇，可分期播种。如父本先于母本开花，可将父本花朵采下放于 15～20℃ 的室内，可保持花粉活性 5～6d；也可将花粉放于小玻璃瓶中，底部装氯化钙干燥剂，置于 2℃ 条件下可保持花粉活性 1 个月。

（7）使用植物激素促进结实： 在授粉后 2～3d 喷 2,4 - D 丁酯，能防止落花并促进坐果结子。授粉后在花柄节涂抹 0.1％～0.2％萘乙酸羊毛脂，可抑制离层产生防止落果。

(8) 适时授粉提高杂交效果：马铃薯授粉在气候较为凉爽而湿润的条件下进行，杂交效果最好。高温干旱天气下，宜在清晨和傍晚进行杂交，以傍晚效果最好。阴天可全天进行授粉，雨天不宜授粉。

(9) 防治晚疫病，保证浆果成熟。

3. 年配置有性杂交数量

每年要求成功配置有性杂交组合至少 200 个左右。

（二）杂种实生苗的培育与选择

1. 杂种实生苗的培育

(1) 种子处理：实生种子休眠期很长，特别是前一年收的实生种子不经过种子处理，播种后很不容易发芽。一般用 1 000mg/L 的赤霉素溶液（先用酒精融化再兑清水）浸泡 24h。

(2) 温室育苗：晚霜前 2 个月时，在温室作 1m 多宽的小畦，施入有机肥并整平土再灌足水，开出约 1cm 深的小浅沟，均匀撒入种子，然后覆盖一层细绵沙子，最后在小畦上覆盖塑料薄膜。在出苗时注意及时将膜撑起，以免烧苗。苗稍大时可揭掉薄膜。

(3) 移栽定植：晚霜结束后，将长大的杂种实生苗移栽定植到田间，密度以 60cm×30cm 或 50cm×20cm 为宜。

以上操作均分不同杂交组合进行。因为杂种实生苗是疯狂分离世代，所以为了提高育种效率，1 个育种单位每年应培育杂种实生苗至少 3 万～4 万株。

2. 杂种实生苗的选择

马铃薯育种的特点是只经 F1 实生苗世代的性状分离与选择，即以无性系稳定其遗传性。换句话说，马铃薯育种只有 F1 实生苗世代 1 次的性状分离聚优机会。所以，对 F1 实生苗的正确选择是育种成败的关键之一。

研究证明，F1 实生苗的产量与其无性一代的产量无相关性，所以不能根据 F1 实生苗的产量选择单株。F1 实生苗收获时，应保持优良组合的大部分基因型。但 F1 实生苗与其无性一代在熟性上有相关关系，可根据熟期进行 F1 实生苗选择。同样 F1 实生苗与其无性一代在株型大小、抗晚疫病性、薯块形状颜色及芽眼深浅与匍匐茎长短等性状有相关关系，针对这些性状对 F1 实生苗进行选择是有效的。

杂种实生苗选择的入选率一般应在 10％～20％。收获时，杂种实生苗选择入选的基因型按组合进行收获，每个基因型材料只收 1 个块茎。

（三）杂种无性系选种试验

1. 杂种无性一代选种试验

试验设计按顺序排列，每行种 10 株，行长 3.33m，行株距 60cm×33.3cm；每隔 12 行种 1 行对照。播种时按组合种植，每一基因型材料种 1 株（整薯播种）。

选择时，主要依据熟性、生长势、株型、抗病性、结薯习性、薯形、单株产量进行选择，每一份入选材料整株块茎全收。无性一代选种试验一般参试株系材料 3 000～4 000 份，入选株系 200 份左右。

2. 杂种无性二代选种试验

试验设计按顺序排列，每份株系种 1 行，每行种 10 株，行长 3.33m，行株距 60cm×33.3cm；每隔 12 份株系种 1 行对照。

选择时，主要依据熟性、生长势、株型、抗病性、结薯习性、薯形、小区产量、薯块淀粉含量、食味等主要性状进行选择。无性二代选种试验一般参试株系约 200 份，入选株系约 60 份。

（四）品系鉴定试验

试验按间比法设计，2 次重复；小区长宽为 5m×1.8m，面积 9m²。每小区种 3 行，每行 15 株，共 45 株，行株距 60cm×33.3cm。每隔 4 份材料种植 1 小区对照。

品系鉴定试验一般参试品系材料约 60 份，其试验目的是对参试品系初步进行物候期、生育期、生长特性、抗病性、农艺性状与经济性状的全面鉴定。主要考察出苗期、出苗率、幼苗生长势、现蕾期、开花期、成株繁茂性、成熟期、熟性、株型、花色、抗病性、结薯习性、薯形、芽眼深浅、薯皮色、薯肉色、单株结薯数、大中薯率、小区产量、薯块淀粉含量、食味等。品系鉴定试验一般入选 10～20 份品系。

（五）品系比较试验

试验按随机区组设计，3 次重复；小区长宽为 6.67m×3m，面积 20m²。每小区种 5 行，每行 20 株，共 100 株，行株距 60cm×33.3cm。以当地有代表性的主栽品种为对照。

品系比较试验一般参试品系材料 10～12 份，其试验目的是对参试品系全面进行物候期、生育期、生长特性、抗病性、农艺性状与经济性状比较，优中选优。主要考察出苗期、出苗率、幼苗生长势、现蕾期、开花期、成株繁茂性、成熟期、熟性、株型、株高、茎粗、叶色、花色、茎色、对主要病害（晚疫病、黑胫病、环腐病、病毒病等）的抗病性、结薯习性、薯形、芽眼多少及深浅、芽眉特征、薯皮色、薯肉色、单株结薯数、大中薯率、小区产量、薯块淀粉含量、食味等。品系比较试验一般连续进行 2 年，入选优良品系 3～5 份。

（六）品系区域试验

试验按随机区组设计，3 次重复；小区长宽为 6.67m×3m，面积 20m²。每小区种 5 行，每行 20 株，共 100 株，行株距 60cm×33.3cm。以全省或本地区有代表性的推广品种为主对照，以当地有代表性的主栽品种为副对照。

品系区域试验有国家（或大区）区域试验与全省区域试验，均在全国（或大区）或全省不同生态区设置若干多个区试点。每个区域试验一般参试品系材料 10～12 份，其试验目的主要是通过参试品系在各试点的丰产性与稳产性以及抗病性表现，确定其适应范围和推广地区，为品种区域化布局提供依据。品系区域试验一般连续进行 2 年或 3 年。

（七）新品系生产试验、示范

经过区域试验表现优良的新品系，在已确定的适应地区至少进行 1 年的生产试验和 1 年的生产示范。其目的是进行新品系较大面积的丰产性测定与示范展示。

新品系生产试验可以是 1 个新品系或多个新品系参试，以当地主栽品种为对照。每个参试品系与对照面积不小于 150m²。新品系生产示范相对面积要大一些，每个参试品系与对照面积至少为 0.07～0.13hm² 以上。

四、改进选育方法，提高育种效率

1. 各种亲本类型的利用

马铃薯杂交育种可以利用的亲本主要有 4 种类型：Tuberosum 各品种、Andigena 各品种、二倍体栽培种的各品种、野生种。现在普遍认为，选用亲本时，通常都应以 Tuberosum 品种作亲本或至少作为一个亲本；只有当 Tuberosum 各品种中都没有合乎要求的特性时，才应找第二亲本来源——Andigena 品种；如果 Andigena 品种也不能利用，那么就应当考虑二倍体栽培种的各品种；作为最后一个手段，才利用野生种来作亲本。在马铃薯常规育种中，种间杂交育种的难度要远远大于品种间杂交育种的难度。

2. 杂种实生苗与无性一代的选择

马铃薯杂交育种的特点是各类基因只有杂种实生苗（F1）当代一次分离聚优机会，以后各代均由于无性繁殖而遗传稳定。所以，杂种实生苗的选择很关键。根据研究，实生苗的产量与其无性一代的产量无相关，而与其无性一代的熟性、单株结薯数、块茎性状、抗病性等有一定相关，因而应据此合理选择。无性一代的性状遗传性稳定，可按各育种目标进行选择。考虑到马铃薯杂交育种分离聚优概率为 0.01％～0.001％，所以要尽量扩大杂种实生苗与无性一代的选择群体，采用负向选择方法。

3. 抗病性鉴定选择

晚疫病始终是抗病育种的重点，如果育种圃是建立在晚疫病常发区，田间进行抗性鉴定是非常有效的，要重视水平抗性的鉴定选择，还要考虑地上、地下两部分抗性的一致性。对病毒病的抗性鉴定也要给予足够的重视，一般采用田间观察鉴定与室内酶联免疫吸附测定（ELISA）相结合的方法，主要鉴定对马铃薯卷叶病毒（PLRV）、马铃薯重花叶病毒（PVY）、马铃薯轻花叶病毒（PVX）的抗性。对抗病性的鉴定评价，自始至终各世代都须进行。

4. 品质鉴定选择

（1）薯块淀粉含量测定：普遍采用比重法，简便、有效、实用性强，淀粉含量测定选择应从无性二代选种开始。

（2）薯块多酚氧化酶促褐变测定：可用刀切开进行观察。

（3）还原糖测定：在早代选择可用试纸法，油炸品质鉴定可直接用恒温油炸评定法。

（4）食味鉴定：一般采用蒸煮试味法。

（5）对苗头品系或参加区域试验的新品系，取正常成熟薯块样品进行测试，分析其干物质、淀粉、还原糖、粗蛋白和维生素 C 等主要品质指标。

5. 关于早熟育种

选育早熟品种以马铃薯植株达到真正的生理成熟，表现茎叶正常枯黄为其生理成熟期。马铃薯生理成熟与早结薯有关，但其产量却有很大差异。产量的差异主要表现在构成产量的因素不同，如块茎膨大速度，单株结薯数，以及单株重等。单纯选育早熟品种比较容易，兼顾高产则较困难。在植株茎叶正常枯黄、具有生理早熟的基础上，结合选择块茎膨大早、膨大速度快的特性，可以选出早熟而高产的品种。

马铃薯的熟性是受微效多基因控制的。在早熟×早熟的杂交组合中，其后代中产生早熟类型的频率最高，约为 50％～60％；而早熟×晚熟的杂交组合中，仅有 13％～18％的早熟个体。在早熟×中早熟、早熟×中晚熟的杂交后代中均出现较多的晚熟类型。因此，在早熟育种中，必须要有早熟亲本的参与。

6. 关于耐旱育种

马铃薯耐旱性的形态或生理指标主要有以下几点：

在干旱条件下，耐旱品种的根系受害较轻：在干旱条件下，耐旱品种根系分布的深度和广度、根系的拉力和强度、根系吸收能力等都优于不耐旱品种。

耐旱品种地上部绿色体形成快而早：耐旱品种在轻度水分胁迫下，其植株绿色体能尽早覆盖地面，充分利用光能提高光合效率。研究表明，单株块茎产量与茎叶覆盖度成直线关系，植株覆盖率可作为筛选耐旱品种的依据。

耐旱品种根系活力较强：耐旱品种根系活力较强，植株有较强的保水力，故叶水势和叶片相当含水量下降程度较不耐旱品种缓慢。

抗旱品种水分胁迫后萎蔫恢复快：萎蔫及恢复级别可作为品种的耐旱性参数。水分胁迫对抗旱品种的产量影响较小。

抗旱品种的叶片特征：抗旱品种的叶片表面茸毛多，叶片背面气孔数明显少于不耐旱品种。

总之，甘肃省农业科学院马铃薯育种的经验做法是"合理组配杂交，扩大杂种实生代群体，无性一代单株集团复选；抗病性负向筛选，品质性状分类选择，产量与适应性关联考量"。

第五章 | CHAPTER 5
适宜甘肃省种植的马铃薯优良品种

一、马铃薯优良品种的选用

优良品种是发展马铃薯生产的基础。马铃薯优良品种，首先是丰产性强，产量高；其次是抗逆性、抗病性强，适应性广；第三是块茎品质优良，商品性好，能够满足某种用途要求和市场需求；第四是具有其他特殊优点等。

选用适宜的马铃薯优良品种，必须根据以下几个方面来考虑确定：

1. 根据市场需求来选用

种植者可根据马铃薯的用途，市场的需求与行情，以及实现增收的可靠性，来确定是选用供应蔬菜市场的鲜食菜用型品种，还是向马铃薯加工企业交售原料的淀粉加工型或油炸加工型品种，或者是供给外销的适合出口的品种。

2. 根据当地的地理条件、生产条件、种植方式等来选用

如城市郊区或交通便利、热量条件较好的地区，可选择种植早熟菜用型优良品种，以便早收获早上市，获取更多收入。在二季作及实行间套作种植方式的地区，可选用早熟、植株较矮、分枝少、结薯集中、适于间作套种的优良品种。在一季作区，应选用抗病性、强生育期较长的中晚熟品种，以便充分利用当地的无霜期，获得更高的产量。淀粉加工企业集中的地区，则要选用淀粉含量高的淀粉加工型品种，满足加工企业的需要。

3. 根据品种特性及对当地生态条件的适应性来选用

在降水较少的干旱地区，首先要考虑选用耐旱品种。在气候阴湿、晚疫病经常发生的地区，要选用高抗晚疫病的品种。从欧美发达国家引进的马铃薯品种，对水肥条件要求非常高，所以一般缺水瘠薄的山旱地不宜选用。

4. 根据引种试验结果来选用

凡是引进品种，只有通过2～3年的引种观察与产量比较试验，证明适宜当地种植，才可选用。由于生态条件的差异，如日照长短、纬度与海拔的高低、温度与降水的不同，在其他地方表现优良的品种，不一定在当地种植也肯定表现优良，因此，不能根据资料介绍盲目选用，一定要经过试验种植后才可大面积推广，以免给生产造成损失。

二、马铃薯品种的分类

近年来，随着马铃薯产业的不断发展，根据市场与加工企业的不同需求，实现马铃薯品种专用化、优质化已是势在必行。

马铃薯品种按不同用途目前一般可分为鲜食菜用型品种（包括早熟菜用型品种与晚熟菜用型品种）、淀粉加工型品种、油炸食品及全粉加工型品种（包括油炸薯片品种、薯条加工型品种、全粉加工型品种）3 类。我们通常所说的加工专用马铃薯品种，是指淀粉加工型品种、油炸食品加工型品种 2 类。

1. 鲜食菜用型马铃薯品种

鲜食菜用型马铃薯品种，要求薯形圆或椭圆形，薯形美观，表皮光滑，芽眼浅，白皮白肉或黄皮黄肉，大中薯率高（在 75% 以上），薯块大小均匀整齐，无畸形，无癞皮，无青皮，无空心，耐贮藏。薯块具有弹性，耐运输。薯块肉质鲜嫩，不易产生褐变，对淀粉含量要求不高，淀粉含量 13%～17%，维生素 C 含量 15mg/100g 以上，粗蛋白质含量 1.8% 以上，龙葵素 20mg/100g 以下，食味好，有薯香味，无土腥味、回生味或麻口感，煎、炒时不易成糊状。

鲜食菜用型马铃薯品种一般分为早熟菜用型品种与晚熟菜用型品种 2 类。

2. 淀粉加工型马铃薯品种

适于淀粉加工的马铃薯品种，除了产量要高，关键的是淀粉含量要高，同时芽眼要较浅。国内高淀粉马铃薯品种的标准薯块淀粉含量 18% 以上。一般淀粉含量愈高的品种，熟性就愈晚。利用高淀粉的品种，淀粉加工企业将获得巨大的经济效益。在淀粉加工过程中，当淀粉提取率为 90% 时，生产 1t 精淀粉，用淀粉含量 14% 的品种作原料，需要原料薯 6.35t；如用淀粉含量 18% 的品种，只需要原料薯 4.94 吨。由此可见，利用淀粉含量高的品种，可大大节省加工的生产成本，包括人工费用、运输费用、贮藏费用、水电费用等。

3. 油炸薯食品及全粉加工型马铃薯品种

油炸薯片加工型马铃薯品种：应具有的主要性状为，薯块还原糖含量 0.2% 以下，最高不超过 0.3%；干物质含量 19.6% 以上（薯块比重 1.080 0）。薯形为圆形或短椭圆形，芽眼浅，白皮白肉，薯块中等大小（50～150g），无青皮，无空心，薯肉不产生褐斑，耐贮藏。如在低温贮藏条件下，淀粉不转化糖的品种最好。

油炸薯条加工型马铃薯品种：应具有的主要性状为，薯块还原糖含量 0.3% 以下，最高不超过 0.4%；干物质含量 19.9% 以上（薯块比重 1.081 5）。薯形为长形或长椭圆形，长度在 6cm 以上，宽不小于 3cm，单薯重 120g 以上，大薯率高，芽眼浅，白皮白肉或褐皮白肉，无空心，无青皮，耐贮藏。

全粉加工型马铃薯品种：凡是适合油炸薯片加工或油炸薯条加工的马铃薯品种，均适合马铃薯全粉加工。

三、鲜食菜用型品种

1. 陇薯5号

品种来源：甘肃省农业科学院粮食作物研究所以小白花为母本，以创新亲本材料118-8为父本杂交育成。2005年通过甘肃省农作物品种审定委员会审定（甘审薯2005002）。2007年5月获甘肃省科技进步二等奖。

特征特性：中晚熟，生育期（出苗至成熟）115d左右。株型半直立，株高60～70cm，幼苗生长势强，成株繁茂。茎绿色，叶片墨绿色，花冠白色，不结实。结薯集中，单株结薯3～5个，整齐度高，大中薯数率约85%，大中薯重率约94%。薯块椭圆形，白皮白肉，皮较光滑，芽眼较深（见附图1）。薯块大，单薯直径一般为8～12cm，单薯重普遍为150～500g。薯块休眠期较长，耐贮性中等。食用品质好，薯块干物质含量平均26.65%，淀粉含量平均19.49%，粗蛋白质含量平均2.44%，维生素C含量平均28.7mg/100g，还原糖含量平均0.57%，是一个优良的菜用型品种，也可用作淀粉加工原料。植株高抗晚疫病，对花叶、卷叶病毒病有较好的田间抗性。生产试验、示范产量35.45～51.23t/hm²，比各地主栽品种增产18.9%～55.6%。

适应范围：适宜于西北地区半干旱及二阴地区推广种植。

栽培技术要点：挑选健康种薯晒种催芽，切种后用甲霜灵锰锌、代森锰锌、宝大森等农药拌种；适宜密度5.25万～6万株/hm²；后期注意喷药，防止薯块感染晚疫病。

2. 陇薯10号

品种来源：甘肃省农科院粮食作物研究所以固薯83-33-1为母本，119-8为父本组配杂交育成，2012年通过甘肃省农作物品种审定委员会审定（甘审薯2012001）。

特征特性：中晚熟，生育期（出苗至成熟）110d。株型半直立，株高60～65cm，生长势较强，分枝数中等，茎绿色。复叶较大，叶缘平展；叶深绿色，花冠红色，无天然结实性。结薯集中，单株结薯3～5个。块茎椭圆形，黄皮黄肉，表皮光滑，大而整齐，芽眼少而浅（见附图2）。大中薯率90%以上，薯块休眠期长，耐贮运。食用口感和风味好，鲜薯干物质含量22.16%，淀粉含量17.21%，粗蛋白质含量2.39%，维生素C含量21.57mg/100g，还原糖含量0.57%。抗旱性强，抗晚疫病，对卷叶等病毒病具有较好的田间抗性。一般产量约 26.25t/hm²，高的产量可达 37.5t/hm²。

适应范围：适宜在甘肃省半干旱地区及高寒阴湿、二阴地区种植。

栽培要点：①适期适密播种：高寒阴湿、二阴地区以 4 月中旬播种为宜，半干旱地区以 4 月上、中旬为宜，不宜迟播。播种密度一般 5.25 万～6 万株/hm²，旱薄地 3.75 万～4.5 万株/hm² 为宜。②早促快发、先促后控管理：要重施底肥，而且氮、磷、钾配合，早施追肥，切忌氮肥过量。早锄草、早中耕培土，培土垄要高而陡。③在苗期至现蕾期加强防治早疫病：常用措施为采用脱毒无病种薯做种；播前深施有机肥，苗期加强水肥管理，培育壮苗；合理施药防治，发病初期采用代森锰锌、百菌清等喷雾防治，每隔 7～10d 喷一次，连续防治 2～3 次，防治期间应轮换、交替使用化学成分不同的药剂。④割秧晒地，提高收获质量：在收获前一周割掉薯秧，运出田间，以便晒地和促使薯皮老化。收获时薯块要轻拿轻放，尽量避免碰撞，减少病菌侵染，提高贮藏效果。⑤抓好保种留种措施：选用脱毒种薯，或建立种薯田，选优选健留种。

3. 陇薯 13 号

品种来源：甘肃省农业科学院马铃薯研究所于 2004 年以 K299－4 为母本，L0202－2 为父本组配杂交，从其后代中经过 9 年的系统定向筛选育成，2011—2012 年参加级区域试验，2014 年通过甘肃省农作物品种审定委员会审定（甘审薯 2014004）。

特征特性：晚熟，生育期（出苗至成熟）120d 左右。株型半直立，株高约 67cm，生长势强，分枝数多，茎绿色局部浅褐色。复叶较大，叶缘平展；叶绿色，花冠红色，天然结实性较弱。结薯集中，大中薯率可达 93.0%。块茎圆形，淡黄皮淡黄肉，表皮粗糙，大而整齐，芽眼浅（见附图 2）。鲜薯干物质含量 21.74%，淀粉含量 16.27%，粗蛋白质含量 2.26%，维生素 C 含量 19.76mg/100g，还原糖含量 0.37%；食味中等，适宜鲜食菜用。植株抗旱、中抗晚疫病，对花叶病毒病具有较好的田间抗性。一般产量约 30t/hm²，高的产量可达 45t/hm²。

适宜范围：适宜在甘肃省半干旱地区及高寒阴湿、二阴地区种植。

栽培要点：适期适密播种，密度一般以 5.25 万～6 万株/hm²，旱薄地 3.75 万～4.5 万株/hm² 为宜。重施底肥且氮、磷、钾配合，早施追肥，切忌氮肥过量。早锄草、早中耕培土，培土垄要高而陡。选用脱毒种薯或选优选健留种。

4. 新大坪

品种来源：由定西市安定区大坪村农民在历年新品种试验遗留品种（系）中选育而来。2005 年通过甘肃省农作物品种审定委员会审定（甘审薯 2005004）。

特征特性：中熟品种，生育期（出苗至成熟）100d左右。株型半直立，分枝中等，株高40～50cm，幼苗生长势强，成株较繁茂。茎绿色，茎粗1.0～1.2cm，叶片肥大，叶墨绿色，花冠白色。结薯集中，单株结薯3～4个，大中薯率较高。薯块椭圆形，白皮白肉，皮较光滑，芽眼少而浅（见附图4）。薯块休眠期中等，耐贮性强。薯块干物质含量27.8%，淀粉含量20.19%，粗蛋白质含量2.67%，还原糖含量0.16%，是一个较好的鲜销菜用型品种，也可用作淀粉加工原料。植株中抗晚疫病与早疫病，田间抗病毒病。抗旱性强，耐瘠薄。生产示范亩产18.4～22.6t/hm²，比大白花品种增产13.2%～25.6%。

适应范围：适宜于甘肃省中部半干旱地区推广种植。

栽培技术要点：施足底肥，早施追肥，4月上中旬播种，旱薄地适宜密度3.75万～4.5万株/hm²。生长后期及时用甲霜灵锰锌、代森锰锌、杀毒矾等农药喷洒，防治晚疫病。

5. 渭薯1号

渭薯1号由甘肃省渭源县会川镇农技站育成，属晚熟菜用型品种。该品种株型直立，分枝中等，生长势强。茎绿色，叶小，浅绿色，花白色。结薯集中，薯块长椭圆形，头小尾大，白皮白肉，中等大小，表皮幼嫩，芽眼较深（见附图5）。薯块淀粉含量约16%。植株中抗晚疫病和黑胫病，感环腐病，退化慢。适宜栽培密度约6万株/hm²，一般亩产约30t/hm²。适宜于一季作区栽培，在甘肃、河北、宁夏等地均有种植。

6. 天薯11号

品种来源：天水市农科所以自育品种天薯7号为母本，甘肃省庄浪县农业技术推广中心选育的庄薯3号为父本杂交选育而成，2012年通过甘肃省农作物品种委员会审定，2014年通过国家品种审定（甘审薯2012003，国审薯2014006）。

特征特性：晚熟品种，生育期122d。株型直立，生长势强，分枝少，枝叶繁茂，茎色绿色，叶色深绿色，花冠浅紫色，落蕾，花极少，天然结实性无。株高74.0cm，单株主茎数3.2个，单株结薯数为6.4块，平均单薯重114.3g。薯块扁圆形，淡黄皮黄肉，芽眼浅（见附图6）。抗马铃薯X病毒（PVX）和抗马铃薯Y病毒（PVY）；中抗晚疫病。淀粉含量16.0%，干物质含量24.6%，还原糖含量0.25%，粗蛋白含量2.36%，维生素C含量35.6mg/100g。在国家马铃薯区域试验（中晚熟西北组）中，平均折合产量33t/hm²，较对照增产6.2%～7.6%。

适宜范围：适宜于甘肃省天水、宁夏、青海等地及周边地区种植。

栽培要点：天水地区山区一般4月播种，播种密度以5.25万～6万株/hm²为宜。后期注意及时防治马铃薯晚疫病，一般用72%霜脲锰锌（克露）可湿性粉剂 500 倍液、69％烯酰吗啉可湿性粉剂 800 倍液、68.75％银法利悬浮剂 600 倍液等药剂交替使用，每 7～10d 喷施 1 次，全生育期防治 3～5 次。

7. 定薯 1 号

品种来源：定西市农业科学研究院、甘肃农业大学于 1993 年以育种无性系 T8-33 为母本，新型栽培种材料 NW168 为父本进行杂交，经过多年的筛选，2004—2006 年参加市级生产试验示范，2005—2006 年参加甘肃省区域试验，2008 年参加甘肃省生产试验，2009 年通过甘肃省农作物品种审定委员会审定（甘审薯 2009005）。

特征特性：晚熟，生育期（出苗到成熟）127d。株型直立，株高 68cm，生长势较强，分枝中等，茎绿色。复叶大小中等，叶浅绿色，叶缘平展，花冠紫色，花期较长，天然结实性强。结薯集中，大中薯率 90％。块茎扁圆形，薯皮浅白色略粗，薯肉淡黄色，大而整齐，芽眼少而浅，呈浅红色芽眼，薯型评价好（见附图 7）。鲜薯炒食及煮食口感风味好，适宜鲜薯食用及淀粉加工。块茎干物质含量 25.8％，淀粉含量 19.84％，维生素 C 含量 13.3mg/100g，还原糖含量 0.18％。植株田间抗晚疫病，对卷叶病毒病和花叶病毒病具有较好的田间抗性；耐旱耐瘠。旱地亩产 22.5～45t/hm²。

适宜范围：适宜甘肃省广大干旱地区种植，在灌区水肥条件较好的地块种植产量更高。

栽培要点：选择禾谷和豆科作物茬地种植，忌连作。干旱地区一般为 4 月中旬播种，每亩种植 4.95 万～6 万株/hm²，旱地平作栽培，开沟播种，也可以穴播或整薯窝种，水地起垄种植，苗期勤中耕除草，现蕾前中耕培土。一般要求雨后及时松土保墒，70％以上茎叶变黄萎时割去茎叶，3～4d 后收获。

8. 克新 1 号

品种来源：黑龙江省农业科学院马铃薯研究所用"374-128"作母本，"疫不加（Epoka）"作父本杂交育成。1967 年通过黑龙江省农作物品种审定委员会审定，1984 年经全国农作物品种审定委员会认定为国家级品种。

特征特性：中熟，生育期（出苗到成熟）95d，株型开展，株高约 70cm，分枝数多，茎绿色，生长势强。叶绿色，复叶肥大。花冠淡紫色，雌雄蕊均不育。块茎椭圆形，淡黄皮白肉，表皮光滑，芽眼多，深度中等（见附图 8）。结薯集中，块茎大而整齐。块茎休眠期长，耐贮藏。食用品质中等，鲜薯干物质含量 18.1％，淀粉含量 13％～14％，维生素 C 含量 14.4mg/100g，还原糖含量 0.52％。植株抗晚疫病，块茎易感晚疫病，高抗环腐病，植株对马铃薯轻花叶病毒（PVX）过敏，抗重花叶病毒（PVY）和卷叶病毒病（PLRV），较耐涝。一般亩产 22.5t/hm²，高产可达 37.5t/hm² 以上。

适宜范围及栽培要点：因块茎前期膨大快，故适应性广，适合国内一、二季作早熟栽培。天水地区地膜覆盖早熟栽培较多，一般 3 月初播种，适宜密度 5.25 万～6 万株/hm²，5 月即可采收上市。

9. 青薯 168

品种来源：青海省农林科学院作物研究所以辐深 6 - 3 为母本，Desiree 为父本经有性杂交育成。1989 年通过青海省农作物品种审定委员会审定，1995 年通过全国农作物品种审定委员会审定。

特征特性：晚熟，生育期（出苗到成熟）130d 以上。株型直立，株高约 85cm，茎粗壮，红褐色，分枝 2～3 个。叶色深绿。花冠紫红色，天然结实少。结薯集中，块茎椭圆形，红皮黄肉，表皮光滑，芽眼浅（见附图 9）。块茎大而整齐，休眠期长，耐贮藏。块茎食用品质好，有香味。鲜薯淀粉含量 17.3％，粗蛋白质含量约 2.07％，维生素 C 含量 11.34mg/100g，还原糖含量 0.68％。植株抗晚疫病，抗逆性强，增产潜力大，一般产量达 43.5t/hm² 以上。

适宜范围及栽培要点：适宜西北、华北一季作旱作地区种植。水肥条件好可适当稀植，土壤肥力较差可适当密植。每亩种植 4.5 万～5.25 万株/hm²，最多种植 7.5 万株/hm²。

10. 临薯 17 号

品种来源：临夏回族自治州农业科学研究所以抗疫白为母本，NW174 - 2 为父本杂交选育而成，2009 年通过甘肃省农作物品种委员会审定（甘审薯 2009002）。

特征特性：晚熟，生育期（出苗到成熟）122d。株型直立，株高约 75cm，花冠紫色，分枝平均 3.6 个。结薯集中，单株平均结薯 5.6 个，商品薯率 90.6％。块茎椭圆形，白皮白肉，表皮光滑，大而整齐，芽眼数少而浅（见附图 10）。薯块干物质含量 26.76％，粗蛋白质含量 2.74％，粗淀粉含量 19.82％，还原糖含量 0.35％，维生素 C 含量 13.12mg/100g。适合淀粉加工和鲜薯食用。较抗晚疫病，对卷叶病毒病有较好的田间抗性。2004—2006 年参加甘肃省马铃薯区域试验，平均产量 30.5t/hm²，比统一对照渭薯 1 号增产 81.6％，比当地对照增产 33.7％。2008 年生产试验，平均产量 31.3t/hm²，较对照增产 41.57％。

适宜范围：适宜甘肃高寒阴湿、干旱、半干旱及二阴地区种植。

栽培要点：①一般在 4 月中旬播种，干旱、半干旱地区于 4 月上旬播种，亩保苗约 5.4 万株/hm²，旱薄地 6 万株/hm²。②生育期做好病、虫、草害防治，在收获前一周割掉薯秧，运出田间，以便晒地和促使薯皮老化。

11. 青薯 9 号

品种来源：青海省农业科学院生物技术研究所于 2001 年从国际马铃薯中

心北京办事处引进杂交组合（387 521.3×APHRODITE）实生 1 代材料 C92.140-05 中选择优良单株 ZT，后经系统选育而成，2006 年通过青海省农作物品种审定委员会审定，2011 年通过全国农作物品种审定委员会审定（青审薯 2006001，国审薯 2011001）。

特征特性：特晚熟，生育期（出苗到成熟）120d 左右。株型开展，株高 97±10.4cm，茎紫色，叶深绿色，茸毛较多，叶缘平展，复叶大，排列较紧密，互生或对生，有 5 对侧小叶，次生小叶 6 对互生或对生。花冠浅红色，无天然果。结薯集中，单株结薯 8～11 个，较整齐。椭圆形，薯皮红色，有网纹，薯肉黄色，芽眼较浅并红色（见附图 11）。薯块休眠期中等，耐贮性中等。块茎干物质含量 25.72%，淀粉含量 19.76%，维生素 C 含量 23.03mg/100g，还原糖含量 0.253%。在 2009—2010 年国家区域试验西北片试验中，折合产量 26.5t/hm²，比对照平均增产 40.7%，2010 年生产试验平均亩产 28.8t/hm²，比对照增产 17.3%。

适宜范围：耐旱，耐寒，抗晚疫病、环腐病，适宜于甘肃中部一作区作为晚熟鲜食品种种植。

栽培要点：西北地区 4 月中下旬至 5 月上旬播种；每亩种植密度 4.8 万～5.55 万株/hm²；播前催芽，施足基肥；生育期间要控制株高，防止地上部分生长过旺；注意防治蚜虫、晚疫病等病虫害；及时中耕培土，结薯期和薯块膨大期及时灌水，收获前一周停止灌水，以利收获贮藏。

12. 费乌瑞它

品种来源：荷兰 ZPC 公司用 ZPC50-35 作母本，ZPC55-37 作父本杂交育成，1980 年由农业部种子局从荷兰引入我国。

特征特性：该品种为鲜食菜用和出口型品种，早熟，生育期从出苗到成熟 60d 左右。株型直立，分枝少，株高约 65cm，茎紫褐色，生长势强。叶绿色，复叶大、下垂，叶缘有轻微波状。花冠蓝紫色、大，花药橙黄色，花粉量较多，天然结实性较强，浆果大，深绿色，有种子。块茎长椭圆形，皮淡黄色肉鲜黄色，表皮光滑，块茎大而整齐，芽眼少而浅，结薯集中（见附图 12）。块茎休眠期短，贮藏期间易烂薯。蒸食品质较优。鲜薯干物质含量 17.7%，淀粉含量 12.4%～14%，还原糖含量 0.3%，粗蛋白质含量 1.55%，维生素 C 含量 13.6mg/100g。易感晚疫病，感环腐病和青枯病，抗卷叶病毒病，植株对 A 病毒和癌肿病免疫。一般产量约 25.5t/hm²，高产可达 45t/hm²。

适宜范围：适宜甘肃省陇南白龙江沿岸、中部沿黄灌区和河西灌区种植。

栽培要点：该品种株形直立分枝少，适于密植；生产上必须采用优质脱毒种薯，最好使用原种和一级种；肥料要施早施足，土壤要保持湿润；及早预防早、晚疫病；块茎对光敏感且易露于地表，常耕栽培应及早多次中耕并高培土。

13. 爱兰 1 号

品种来源： 甘肃爱兰马铃薯种业有限责任公司由费乌瑞它脱毒变异株选育而成。2013 年通过甘肃省农作物品种委员会审定（甘审薯 2013001）。

特征特性： 中早熟，生育期 79d，比费乌瑞它晚熟 14d，比 LK99 早熟 6d。株型半直立，分枝中等，茎叶繁茂，叶色深绿，株高 50～60cm，茎粗 1.0～1.2cm。花紫色，单株结薯 3～5 个。薯块长椭圆形，芽眼浅，表皮光滑、淡黄，薯肉黄色（见附图 13）。薯块干物质含量 22.2%，淀粉含量 14.39%，粗蛋白质含量 2.12%，还原糖含量 2.04%，维生素 C 含量 8.64mg/100g。抗病性，经田间自然发病调查，抗卷叶病毒病，中抗晚疫病，对花叶病毒病具有较好的田间抗性。在 2012 年甘肃省马铃薯品种区试中，平均产量 14.85t/hm²，比对照 LK99 减产 18.1%。在定西市 2009—2011 年多点试验中，平均亩产 32.1t/hm²，比对照费乌瑞它增产 23.2%，比夏波蒂增产 16.5%。

适宜范围： 适宜在定西及同类生态区川水地种植。

栽培要点： 4 月上旬播种，保苗 6.75 万～7.5 万株/hm²；施肥，施优质农家肥 45～75t/hm²、纯氮 120～135kg/hm²、纯五氧化二磷 90～105kg/hm²、氧化钾 45～75kg/hm²。

四、淀粉加工型品种

1. 陇薯 3 号

品种来源： 甘肃省农科院粮食作物研究所以创新资源材料 35-131 为母本，以品系 73-21-1 为父本组配杂交，经系统定向选育而成的高淀粉马铃薯新品种，1995 年通过甘肃省农作物品种审定委员会审定（甘种审字第 178号），现为甘肃省马铃薯主栽品种和淀粉加工专用品种。2002 年 4 月获甘肃省科技进步二等奖。

特征特性： 中晚熟，生育期（出苗至成熟）110d 左右。株型直立较紧凑，株高 60～70cm。薯块扁圆或椭圆形，大而整齐，黄皮黄肉，芽眼较浅并呈淡紫红色（见附图 14），结薯集中，单株结薯 5～7 块，大中薯重率 90% 以上。块茎休眠期长，耐贮藏。品质优良，薯块淀粉含量 20.09%～24.25%，粗蛋白质含量 1.78%～1.88%，还原糖含量 0.13%～0.18%，维生素 C 含量 20.2～26.88mg/100g。特别是淀粉含量比一般中晚熟品种高出 3～5 个百分点，适宜淀粉加工。高抗晚疫病，对花叶、卷叶病毒病具有田间抗性。产量高，多点生产试验示范平均产量 41.9t/hm²，最高达 55.6t/hm²，比对照平均增产 37.3%；在大面积推广中，1999—2002 年连续在山丹县创亩产超75t/hm² 高产典型。

适宜范围：不仅适宜甘肃省高寒阴湿、二阴地区及半干旱山区推广种植，而且种植范围还扩大到宁夏、陕西、青海、河北、内蒙古、黑龙江等省（自治区）。

栽培技术要点：提倡使用脱毒种薯，要深种厚培土，重施基肥、氮磷配合、早施追肥，实行早促快发管理。

2. 陇薯 6 号

品种来源：甘肃省农业科学院马铃薯研究所 1993 年利用武薯 85－6－14 作母本，陇薯 4 号作父本组配杂交，经系统定向选育而成的淀粉及全粉加工型马铃薯新品种。于 2005 年通过国家农作物品种审定委员会审定，是我省第一个国家级马铃薯新品种，于 2004 年通过宁夏回族自治区农作物品种审定委员会审定（国审薯 2005002，宁审薯 2005001）。2009 年 2 月获甘肃省科技进步一等奖。

特征特性：晚熟，生育期（出苗至成熟）115d 左右。株型半直立，株高 70～80cm，茎叶绿色，花冠白色，无天然结实性。结薯集中，单株结薯 5～8 个，大小整齐，大中薯率 90%～95%。薯块扁圆形，淡黄皮白肉，芽眼较浅，形状美观（见附图 15）。薯块干物质含量 27.74%，淀粉含量 20.04%，粗蛋白含量 2.04%，维生素 C 含量 15.53mg/100g，还原糖含量 0.22%，还原糖含量低并耐低温糖化，回暖处理降糖效果显著，既适宜淀粉加工，又适宜全粉加工。高抗晚疫病，对病毒病有很好的田间抗性，亩产量 42.5～60.3t/hm²，比各地主栽品种增产 14.4%～78.4%。

适宜范围：不仅适宜于甘肃省高寒阴湿、二阴及半干旱地区推广种植，而且适宜宁夏南部、青海东南部、河北北部、内蒙古中部、山西北部等北方一季作区种植。

栽培技术要点：①适期适密播种：一般 4 月上、中旬播种为宜，不宜迟播，播种时适当稀植，密度最大不要超过 6 万株/hm²。②早促快发、先促后控管理：重施底肥并氮磷配合，早施追肥，切忌氮肥过量；早锄草，早中耕培土，培土垄要高；水肥好的地块，要注意在生长中期发生徒长时，于初花期及时喷施"土豆膨大素"控制徒长。③割秧晒地，提高收获质量：收获前一周割掉薯秧运出田间进行晒地，促进薯皮老化；收获时尽量避免碰伤，减少病菌侵染，提高贮藏效果。

3. 陇薯 8 号

品种来源：甘肃省农业科学院马铃薯研究所 2001 年利用大西洋作母本，以品系 L9705－9 为父本组配杂交组合，经系统定向选育而成的超高淀粉含量马铃薯新品种，于 2010 年通过甘肃省农作物品种审定委员会审定（甘审薯 2010001）。

特征特性：晚熟，生育期（出苗至成熟）116d 左右。株型半直立，株高 65～70cm。生长势强，分枝数中等，茎绿色局部带褐色网纹。复叶较大，叶缘平展；叶绿色，花冠白色，天然结实性较强。结薯集中，薯块椭圆形，较大而整齐，淡黄皮淡黄肉，表皮粗糙，芽眼较浅，顶芽浅红色（见附图16）。耐贮藏，耐运输。品质优良，经连续5年5点11样次化验分析，薯块干物质含量平均31.59%，淀粉含量22.91%～27.34%，平均24.89%，粗蛋白质含量2.96%，维生素C含量13.32mg/100g，还原糖含量0.24%。淀粉含量远超国内高淀粉品种淀粉含量18%的标准，属超高淀粉型，适宜作淀粉加工专用原料。植株高抗晚疫病，对花叶病毒病和卷叶病毒病具有很好的田间抗性。一般产量约26.25t/hm²，高的产量可达37.5t/hm²。

适宜区域：适宜在甘肃省高寒阴湿、二阴地区及半干旱地区种植。

栽培要点：选用脱毒种薯，或建立种薯田，选优选健留种。高寒阴湿、二阴地区4月中旬播种，半干旱地区4月上、中旬播种。播种密度一般为5.25万～6万株/hm²，旱薄地为3.75万～4.5万株/hm²。重施底肥，氮、磷、钾配合，早施追肥，切忌氮肥过量。在收获前一周割掉薯秧，以便晒地和促使薯皮老化。

4. 庄薯3号

品种来源：庄浪县农业技术推广中心以87-46-1为母本，青85-5-1为父本杂交选育而成。2005年通过甘肃省农作物品种审定委员会审定，2011年通过国家农作物品种审定委员会审定（甘审薯2005001，国审薯2011002）。

特征特性：晚熟，生育期（出苗至成熟）130d左右。株型直立，株丛繁茂，分枝3～5个。株高80～95cm。茎绿色，叶片深绿，复叶大小中等，小叶椭圆形。花淡蓝紫色，天然结实性差。结薯集中，薯块扁圆形，黄皮黄肉。芽眼淡紫色，表皮光滑中等（见附图17）。薯块干物质含量26.38%，淀粉含量20.5%，粗蛋白质含量2.15%，维生素C含量16.2mg/100g，还原糖含量0.28%。高抗晚疫病，中抗花叶病毒病。在1998—2000年省区试中，平均折合亩产29.5t/hm²，比统一对照渭薯1号增产74.9%。

适宜范围：适宜西北一季作区推广种植。

栽培要点：4月中下旬播种，双行垄作中等肥力地块密度6万～6.75万株/hm²，旱薄地5.25万～6万株/hm²；抗旱整薯坑种，中等肥力以上地块3万穴/hm²，旱薄地2.55万穴/hm²。重施基肥，以农家肥为主，现蕾期适时追肥。苗齐后及时锄草松土，现蕾期及时培土压蔓，开花期后叶面喷施磷酸二氢钾2～3次。

五、油炸食品及全粉加工型品种

1. 大西洋（Atlantic）

品种来源：美国用B5141-6（Lenape）作母本，旺西（Wauseon）作父本杂交选育而成，1978年由农业部和中国农业科学院引入我国。

特征特性：中熟，出苗到成熟90d。株型直立，植株分枝中等，株高约50cm，茎基部紫褐色，茎秆粗壮，生长势较强。叶深绿，复叶肥大，叶缘平展。花冠浅紫色，可天然结实。结薯集中，块茎圆形，顶部平，芽眼浅，淡黄色薯皮，表皮有轻微网纹，白色薯肉，块茎大小中等而整齐（见附图18）。鲜薯淀粉含量15.0%～17.9%，还原糖含量0.03%～0.15%。食用品质优良，适合油炸薯片加工。块茎休眠期中等，耐贮藏。植株不抗晚疫病，对马铃薯轻花叶病毒（PVX）免疫，较抗卷叶病毒病和网状坏死病毒，感束顶病、环腐病，在干旱季节薯肉有时会产生褐色斑点。生长栽培要求高水肥，一般产量为22.5～30t/hm²。

适宜范围：甘肃省沿黄灌区与河西灌区高水肥栽培。

栽培要点：密度约6.75万株/hm²。沙壤土种植，生长期不能缺水缺肥，并做好晚疫病的防治和使用优质脱毒种薯。

2. 夏波蒂

品种来源：1980年加拿大福瑞克通农业试验站用"F58 050"为母本，"BakeKing"为父本经有性杂交育成，1987年引入我国试种，未经审定或认定，但被辛普劳公司作为炸条品种在各地种植。

特征特性：中熟，出苗到成熟95d左右。株型开展，株高60～80cm，主茎绿色、粗壮，分枝数多。复叶较大，叶色浅绿。花冠浅紫色，花期长。结薯集中，块茎长椭圆形，白皮白肉，芽眼浅，表皮光滑，块茎大而整齐（见附图19）。鲜薯干物质含量19%～23%，还原糖含量0.2%，适宜油炸薯条加工。该品种对栽培条件要求严格，不抗旱、不耐涝，田间不抗晚疫病、早疫病，易感马铃薯病毒病和疮痂病。一般亩产22.5～45t/hm²。

适宜范围：甘肃省沿黄灌区与河西灌区高水肥栽培。

栽培要点：栽培时必须选择土层深厚、肥力较好、有灌水条件并排水通气性良好的沙壤土地块种植。避免低洼、涝湿和盐碱地，更不能重茬地种植。需要大量施肥，平衡施肥。一般适宜密度5.25万株/hm²以上。用大芽块，大垄深播，及时中耕培土，多次培土，控制病虫草害，特别要严格防治马铃薯晚疫病。

3. LK99

品种来源：甘肃省农业科学院马铃薯研究所于1999年引进美国马铃薯油炸加工品种Kennebec试管苗，扩繁时发现性状变异植株，单株系选后编号LK99，经过试种观察、品比试验、全省区域试验及生产试验等历时8年育成，2004—2006年参加甘肃省级区域试验，2008年通过甘肃省农作物品种审定委员会审定（甘审薯2008002）。2015年1月获甘肃省科技进步二等奖。

特征特性：中早熟，生育期（出苗至成熟）85d 左右。株型半直立，株高 50～55cm，生长势强，分枝数少，茎黄绿色。复叶大，叶缘平展；叶绿色，花冠白色，无天然结实。结薯集中，大中薯率可达 84.0%。块茎椭圆形，白皮白肉，表皮光滑，大而整齐，芽眼少而浅（见附图 20）。食味口感好有风味，炸片评分 75 分。薯块干物质含量 22.81%，淀粉含量 16.32%，粗蛋白质含量 2.83%，维生素 C 含量 16.37mg/100g，还原糖含量 0.17%。植株中抗晚疫病，对花叶病毒病和卷叶病毒病具有较好的田间抗性。一般亩产约 22.5t/hm²，高的亩产可达 37.5t/hm²。

适宜范围：适宜在甘肃省高寒阴湿、二阴地区及城郊川水地地膜覆盖早熟栽培和温润地区冬播栽培。

栽培要点：采用脱毒种薯，晒种催芽后切块播种；一般种植密度约 6 万株/hm²，旱薄地种植密度约 4.5 万株/hm²；要深种厚培土，重施基肥，氮磷配合，早施追肥；地膜覆盖栽培时，一次性施足底肥，早促快发管理；一季栽培时，后期注意预防晚疫病。

4. 陇薯 7 号

品种来源：甘肃省农业科学院马铃薯研究所于 1999 年以庄薯 3 号为母本，菲多利为父本组配杂交，从其后代中经过 7 年的系统定向筛选育成，2004—2006 年参加甘肃省级区域试验，2007—2008 年参加国家级区域试验中晚熟西北组，2008 年通过甘肃省农作物品种审定委员会审定，2009 年通过国家农作物品种审定委员会审定（甘审薯 2008003，国审薯 2009006）。2017 年 1 月获甘肃省科技进步二等奖。

特征特性：晚熟，生育期（出苗至成熟）120d。株型半直立，株高 65～70cm，生长势强，分枝数较多，茎褐绿色。复叶较大，叶缘平展；叶深绿色，花冠白色，天然结实性较弱。结薯集中，大中薯率可达 80.0%。块茎长椭圆形，黄皮黄肉，表皮光滑，较大而整齐，芽眼较浅（见附图 21）。食用口感和风味好，炸片评分 92.5 分，耐氧化褐变，适宜全粉加工和淀粉加工以及鲜薯食用。薯块干物质含量 25.2%，淀粉含量 18.75%，粗蛋白质含量 2.68%，维生素 C 含量 20.31mg/100g，还原糖含量 0.18%。植株高抗晚疫病，对花叶病毒病和卷叶病毒病具有很好的田间抗性，耐贮藏。一般产量约 30t/hm²，高的产量可达 60t/hm²。

适宜范围：适宜北方一季作区、西南一二季混作区和南方冬作区推广种植。

栽培要点：①适期适密播种：高寒阴湿、二阴地区以 4 月中旬播种为宜，半干旱地区 4 月上、中旬为宜，均不宜迟播；播种密度因其株型高大繁茂可适当稀植，一般为 5.25 万～6 万株/hm²，旱薄地以 3.75 万～4.5 万株/hm² 为宜。②早促快发、先促后控管理：要重施底肥而且氮磷配合，早施追肥，切忌氮肥过量；早锄草、早中耕培土，培土垄要高而陡。③割秧晒地，提高收获质量：在收获前一周割掉薯秧，运出田间，以便晒地和促使薯皮老化；收获时薯块要轻拿轻放，尽量避免碰撞，减少病菌侵染，提高贮藏效果。④抓好保种留种措施：选用脱毒种薯，或建立种薯田，选优选健留种。

5. 陇薯 9 号

品种来源：甘肃省农业科学院马铃薯研究所于 2001 年以 93 - 10 - 237 为母本，大同 G - 13 - 1 为父本组配杂交，从其后代中经过 8 年的系统定向筛选育成，2007—2008 年参加甘肃省级区域试验，2010 年通过甘肃省农作物品种审定委员会审定（甘审薯 2010001）。

特征特性：晚熟，生育期（出苗至成熟）118d 左右。株型半直立，株高约 65～75cm，生长势强，分枝数较多，茎深绿色。复叶较大，叶缘平展；叶绿色，花冠白色，天然结实性较弱。结薯集中，大中薯率可达 95.0%。块茎扁圆形，淡黄皮淡黄肉，表皮粗糙，较大而整齐，芽眼较浅（见附图 22）。鲜薯食味口感好、风味好，炸片评分 85 分。薯块干物质含量 26.18%，淀粉含量 20.39%，粗蛋白质含量 2.84%，维生素 C 含量 13.18mg/100g，还原糖含量 0.20%。植株中抗晚疫病，对卷叶病毒病具有一定的田间抗性。一般产量约 30t/hm²，高的产量可达 37.5t/hm²。

适宜范围：适宜在甘肃省二阴地区、半干旱及河西灌区种植。

栽培要点：①适期适密播种：高寒阴湿、二阴地区以 4 月中旬播种为宜，半干旱地区 4 月上、中旬为宜，不宜迟播。播种密度因其株型较大繁茂可适当稀植，一般以 5.25 万～6 万株/hm²，旱薄地以 3.75 万～4.5 万株/hm² 为宜。②早促快发、先促后控管理：要重施底肥而且氮磷配合，早施追肥，切忌氮肥过量。早锄草、早中耕培土，培土垄要高而陡。③生育后期，加强晚疫病防治：常用措施为采用脱毒无病种薯做种；实行合理的栽培措施，如氮、磷、钾肥配合施用、高培土、及时拔除中心病株；合理施药防治，坚持及早防治和多次防治的原则，每隔 7～10d 喷药，连续防治 3～4 次，防治期间应轮换、交替使用化学成分不同的药剂。④割秧晒地，提高收获质量：在收获前一周割掉薯秧，运出田间，以便晒地和促使薯皮老化。收获时薯块要轻拿轻放，尽量避免碰撞，减少病菌侵染，提高贮藏效果。⑤抓好保种留种措施：选用脱毒种薯，或建立种薯田，选优选健留种。

6. 陇薯 11 号

品种来源：甘肃省农业科学院马铃薯研究所于 2002 年以 L9712 - 2 为母本，L9810 - 5 为父本组配杂交，从其后代中经过 9 年的系统定向筛选育成，2009—2010 年参加甘肃省级区域试验，2012 年通过甘肃省农作物品种审定委员会审定（甘审薯 2012001）。

特征特性：晚熟，生育期（出苗至成熟）120d 左右。株型半直立，株高约 55～65cm，生长势较强，分枝数中等，茎深绿色。复叶较大，叶缘微波状；叶浅绿色，花冠白色，无天然结实性。结薯集中，大中薯率可达 90.0%。块茎圆形，黄皮黄肉，表皮微网纹，较大而整齐，芽眼较浅（见附图 23）。鲜薯适口性好有风味，炸片评分 77 分，适宜淀粉加工和全粉加工及鲜食菜用。薯块干物质含量 23.70%，淀粉含量 18.68%，粗蛋白质含量 3.16%，维生素 C 含量 14.42mg/100g，还原糖含量 0.16%。植株抗旱、抗晚疫病，对花叶病毒病具有较好的田间抗性。一般产量约 26.25t/hm²，高产量可达 37.5t/hm²。

适宜范围：适宜在甘肃省半干旱地区及高寒阴湿、二阴地区种植。

栽培要点：①适期适密播种：高寒阴湿、二阴地区以 4 月中旬播种为宜，半干旱地区以 4 月上、中旬为宜，不宜迟播；播种密度因其株型较大繁茂可适当稀植，一般以 5.25 万～6 万株/hm²，旱薄地以 3.75 万～4.5 万株/hm² 为宜。②早促快发、先促后控管理：要重施底肥而且氮磷配合，早施追肥，切忌氮肥过量。早锄草、早中耕培土，培土垄要高而陡。③生育后期，加强晚疫病防治：常用措施为采用脱毒无病种薯做种；实行合理的栽培措施，如氮、磷、钾肥配合施用、高培土、及时拔除中心病株；合理施药防治，坚持及早防治和多次防治的原则，每隔 7～10d 喷药，连续防治 3～4 次，防治期间应轮换、交替使用化学成分不同的药剂。④割秧晒地，提高收获质量：在收获前一周割掉薯秧，运出田间，以便晒地和促使薯皮老化。收获时薯块要轻拿轻放，尽量避免碰撞，减少病菌侵染，提高贮藏效果。⑤抓好保种留种措施：选用脱毒种薯，或建立种薯田，选优选健留种。

7. 陇薯 12 号

品种来源：甘肃省农业科学院马铃薯研究所于 2004 年以 L9712-2 为母本，L0202-2 为父本组配杂交，从其后代中经过 9 年的系统定向筛选育成，2011—2012 年参加甘肃省区域试验，2014 年通过甘肃省农作物品种审定委员会审定（甘审薯 2014003）。

特征特性：晚熟，生育期（出苗至成熟）121d。株型半直立，株高约 60～65cm，生长势较强，分枝数中等，茎绿色。复叶较大，叶缘平展；叶绿色，花冠白色，天然结实性强。结薯集中，大中薯率 72.0%。块茎长椭圆形，淡黄皮淡黄肉，表皮粗糙，较大而整齐，芽眼浅（见附图 24）。鲜薯食味口感好、风味好，炸片评分 80 分，适宜淀粉加工、全粉加工和鲜食菜用。鲜薯干物质含量 25.60%，淀粉含量 20.1%，粗蛋白质含量 2.57%，维生素 C 含量 14.98mg/100g，还原糖含量 0.106%。植株高抗晚疫病，对花叶病毒病具有较好的田间抗性。一般产量约 26.25t/hm²，高的亩产可达 42t/hm²。

适宜范围：适宜在甘肃省高寒阴湿、二阴地区及半干旱地区种植。

栽培要点：高寒阴湿、二阴地区4月中旬播种，半干旱地区4月上、中旬播种。密度一般为5.25万～6万株/hm²，旱薄地为3.75万～4.5万株/hm²。重施底肥而且氮、磷、钾配合，早施追肥，切忌氮肥过量。选用脱毒种薯，或建立种薯田，选优选健留种。

8. 陇薯14号

品种来源：甘肃省农业科学院马铃薯研究所于2004年以L9712-2为母本，L0202-2为父本组配杂交，从其后代中经过9年的系统定向筛选育成，2013—2014年参加甘肃省区域试验，2016年通过甘肃省农作物品种审定委员会审定（甘审薯2016001）。

特征特性：晚熟，生育期（出苗至成熟）121d。株型半直立，株高约65cm，生长势较强，分枝数中等，茎绿色。复叶较大，叶缘平展；叶绿色，花冠白色，天然结实性强。结薯集中，大中薯率82.0%。块茎椭圆形，淡黄皮淡黄肉，表皮粗糙，较大而整齐，芽眼浅（见附图25）。鲜薯食味优良口感好，薯块含干物质平均26.03%，最高达到31.20%（2015），淀粉含量平均20.26%，最高达到24.73%（2008），粗蛋白质含量平均2.63%，维生素C含量平均16.23mg/100g，还原糖含量平均0.20%，适宜淀粉加工、全粉加工和鲜食菜用。植株高抗晚疫病，对卷叶病毒病具有较好的田间抗性。一般产量约27.3t/hm²，高的亩产可达45t/hm²。

适宜范围：适宜在甘肃省高寒阴湿、二阴地区及半干旱地区种植。

栽培要点：高寒阴湿、二阴地区4月中旬播种，半干旱地区4月上、中旬播种。密度一般为5.25万～6万株/hm²，旱薄地为3.75万～4.5万株/hm²。重施底肥而且氮、磷、钾配合，早施追肥，切忌氮肥过量。选用脱毒种薯，或建立种薯田，选优选健留种。

第六章 | CHAPTER 6
马铃薯良种繁育

一、马铃薯脱毒种薯的概念

在马铃薯的栽培过程中，经常会出现植株变矮，分枝减少，叶片皱缩卷曲，叶色浓淡不均，茎秆矮小细弱，块茎变小且有时变形龟裂，产量明显下降，一年不如一年的现象，最后失去种用价值，一般称这种现象为马铃薯种性退化。种性退化，是引起马铃薯产量降低和商品性状变差的根本原因。马铃薯的退化是由病毒侵染并在块茎内积累而造成的，而不是由于其他原因或遗传性的改变。在世界范围内，已知侵染马铃薯的病毒约有18种，类病毒和类菌质体有2种。其中在我国普遍存在并且严重危害马铃薯的主要病毒有马铃薯卷叶病毒（PLRV）、马铃薯重花叶病毒（马铃薯Y病毒，PVY）、马铃薯轻花叶病毒（马铃薯X病毒，PVX）、马铃薯S病毒（PVS）和马铃薯纺锤块茎类病毒（PSTVd）。其次还有马铃薯M病毒（PVM）、马铃薯A病毒（PVA）和马铃薯奥古巴花叶病毒（PAMV）。

脱毒种薯是指马铃薯种薯经过一系列物理、化学、生物或其他技术措施清除薯块内的病毒后，获得的经检测无病毒或极少有病毒侵染的种薯。脱毒种薯是马铃薯脱毒快繁及种薯生产体系中，各种级别种薯的通称。用脱毒试管苗在试管中诱导生产的薯块称为"脱毒试管薯"。在人工控制的防虫网室中用试管苗移栽、试管薯栽培或脱毒苗扦插等技术无土栽培（一般用蛭石作基质）生产的小薯块称为"脱毒微型薯"，或称"脱毒原原种"。用脱毒微型薯作种在防虫网棚中生产的种薯称为"脱毒原种"，用脱毒原种作种在繁种田生产的种薯称为"一级脱毒种"，用一级脱毒种作种在繁种田生产的种薯称为"二级脱毒种"。脱毒种薯生产不同于一般的种子繁育，它有要求严格的生产规程，按照各级种薯生产技术的要求，采取一系列防止病毒及其他病害感染的措施，包括种薯生产田需要人工或天然隔离条件，严格的病毒检测监督措施，适时播种和收获，及时拔除田间病株，清除周围环境的毒源，防蚜避蚜，种薯收获后检验等，每块种薯田都要严格把关，确保脱毒种薯质量。

二、种薯脱毒原理及脱毒种薯的特点

通过茎尖组织培养获得无病毒植株，早已被大量事实所证明，对解决马铃薯等作物的病毒病开辟了一条有效的途径。但对于利用茎尖组织培养能脱除马铃薯和其他无性繁殖植物的病毒的原因，至今尚无确切答案。目前一般认为：一是病毒在植物体内的分布是不均匀的，在寄主细胞代谢十分活跃的茎尖分生组织中，其细胞分裂与病毒复制之间存在着竞争关系，而且细胞分裂在竞争中占有优势，病毒粒子的复制很难得到足够的营养而受到抑制，因此在茎尖分生组织中会形成无病毒区或少病毒区。二是在茎尖分生组织中某些高浓度的生长激素，可能抑制了病毒的增殖或使侵染的病毒失活。三是分生组织在培养基上培养的过程中，可能是培养基中的某些成分能抑制病毒增殖或使其失活，也就是说茎尖培养产生无病毒植株是在培养过程中实现脱毒的。

利用茎尖分生组织培养，可以脱除马铃薯卷叶病毒、马铃薯 X、Y、A、S、M 病毒和奥古巴花叶病毒。其中马铃薯卷叶病毒、A 病毒和 Y 病毒较易脱除，而马铃薯 S 病毒、X 病毒最难脱除，如结合热处理，可显著提高马铃薯 S 病毒、X 病毒的脱毒率。一般脱掉马铃薯 S 病毒的茎尖苗，其他病毒基本脱除。马铃薯纺锤块茎类病毒是很难利用茎尖组织培养技术脱除的，只有结合检测筛选出无纺锤块茎类病毒的单株，再进行茎尖组织培养，脱除其他病毒。

脱毒种薯具有以下显著特点：

1. 脱毒种薯保持了原品种主要性状的遗传稳定性，恢复了优良种性，而并非创造了新品种

脱毒种薯在茎尖分生组织培养和脱毒苗组培快繁过程中，只要培养基中不加入激素，一般都不会发生遗传变异，更何况在获得脱毒苗后，都要进行品种的可靠性鉴定。所以，脱毒种薯保持了原品种优良性状的遗传稳定性，之所以脱毒马铃薯表现特别优良，是因为马铃薯脱毒后恢复了优良种性。例如陇薯 3 号脱毒了还是陇薯 3 号，并非通过脱毒又创造出一个新的品种。

2. 脱毒种薯大幅度提高了马铃薯产量与品质

提高产量和商品品质，是马铃薯脱毒种薯最为显著的特点。脱毒种薯的增产效果极其显著，采用脱毒种薯可以增产 30%～50%，高的达到 1～2 倍，甚至 3～4 倍以上。据试验，脱毒陇薯 3 号种薯比未脱毒陇薯 3 号种薯产量净增 12.03t/hm^2，增产 61.0%；考种结果，单株产量平均增加 195g，单株结薯数平均增加 1.35 个，平均单薯重增加 13.7g，大中薯率平均提高 43.7 个百分点，薯块淀粉含量提高 1.31 个百分点。脱毒马铃薯主要表现出苗早、整齐，生活力旺盛，生长势强，生育期相对延长，有利于提高单株产量和增加薯块干物质含量。另据研究，脱毒马铃薯植株叶片叶绿素含量提高 33.3%，光合生产率提高 41.9%；同时，脱毒马铃薯植株水分代谢旺盛，抗高温、干旱的能力较强，明显提高了抗逆性。

3. 脱毒种薯连续种植依然会再度感染病毒而产生退化

脱毒种薯应用代数是有限度的，并不是一个马铃薯品种一旦脱毒，就可长期连续作种应用，一劳永逸。种薯脱毒，只是一种摒除病毒的治疗措施，并没有从品种的遗传基础上提高其抗病性。所以，脱毒种薯种植后，仍然要面临病毒的再度侵染，再度罹病，出现退化。由于茎尖组培脱毒时，既脱除了强致病株系病毒，同时也脱除了弱致病株系病毒，有可能致使植株免疫功能出现紊乱，因此从某种程度上来说，有些品种（主要是抗病毒差的品种）脱毒种薯再度罹病退化的速度会加快。正因为如此，各级脱毒种薯都有严格的质量标准，包括病毒性退化标准，一旦退化指标超过了种薯质量标准，那么就不能再作为种薯使用。一般来说，脱毒种薯使用到二级或三级良种以后，就不能继续作种使用，否则会减产，造成损失。脱毒种薯使用到二级或三级良种以后，就成了"超代薯"，超代薯是绝对禁止用作种薯的。所以，必须建立健全脱毒种薯繁育体系，源源不断地为生产提供优质脱毒种薯，使农民及时更换种薯，才能充分发挥脱毒种薯的增产潜力。

三、脱毒种薯繁育体系模式

脱毒种薯繁育技术是集植物茎尖培养脱毒技术、茎节组织培养快繁技术、无土栽培繁育微型种薯技术、防虫网棚扩繁技术、高山隔离区繁种技术、夏播留种技术、高产栽培技术、病虫害防治技术及病毒检测技术为一体的高新技术。

在充分吸收国内外脱毒种薯先进经验，密切结合甘肃省气候冷凉，马铃薯生产一熟制等特点，并考虑到投资有限的经济状况，经实践探索，自 20 世纪 90 年代以来建立的脱毒种薯繁育体系一般为 4 年 4 级制（见图 6-1）。

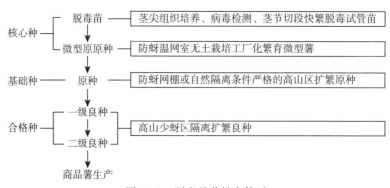

图 6-1 脱毒种薯繁育体系

近年来许多种薯生产单位已将繁育体系缩短为 3 年 3 级制，即微型原原种→原种→一级良种，一级良种直接用于生产，可充分发挥脱毒种薯的增产作用。

四、茎尖组织培养脱毒

1. 脱毒材料的准备

对准备进行茎尖脱毒的马铃薯品种，必须进行田间株选和薯块选择，以利提高脱毒效果和保持原品种的优良特性。田间株选和薯块选择要注意这样几方面：所选的植株必须具有本品种典型的特征特性，包括株型、叶形、花色等植物学性状及熟性等农艺性状；植株生长健壮，无明显的病毒性、真菌性、细菌性病害症状；收获时选择符合品种特征的薯块，包括皮色、肉色、薯形、芽眼，无病斑、虫蛀和机械损伤等，作为脱毒材料；对入选的薯块进行纺锤块茎类病毒检测，淘汰带有类病毒的薯块。

2. 材料消毒

对入选的薯块进行催芽，用刀片切取 2～3cm 的壮芽，在超净工作台内进行表面消毒处理。消毒方法：先将芽在 75%酒精中浸蘸一下（几秒钟），消除叶片上的茸毛，然后用饱和漂白粉上清液或 7%次氯酸钠溶液浸泡 15～20min，取出后用无菌水冲洗 3～4 次。

3. 高温处理

为提高脱毒效果，脱毒材料在进行茎尖分生组织剥离前，应进行材料的热处理以钝化病毒活性。热处理有两种方法：一种方法是将芽眼萌动的薯块直接放在光照培养箱内，控制温度 36℃，每天 12h 光照，处理 6 周。另一种方法是将欲剥离材料的芽消毒后，在超净工作台上剥除所有外叶，切取 1cm 的大茎尖，接种于不含有机成分和任何激素的基本培养基试管中，于 23±2℃、16h 光照条件下培养，待生根后，移至光照培养箱，控制温度 36℃，每天 16h 光照，处理 6 周。

4. 茎尖剥离

在无菌室内超净工作台上，将经高温处理后的芽置于 40 倍的解剖镜下，用解剖针去掉包着茎尖的小叶，露出圆形的茎尖部分，剥取带有 1 个叶原基的茎尖，大小约 0.1～0.3mm，接种于含有激素和有机成分的 MS 培养基（见表 6 - 1）试管中。

5. 培养

接种于试管中的茎尖放于温度 23±1℃、光照 2 500～3 000lx、每天 16h 照明的培养室内培养。20～30d 小苗形成后，转入无生长调节剂的培养基中，小苗继续生长并形成根系，2～3 个月发育成有 3～4 个叶片的小植株。

表 6-1   马铃薯茎尖组织培养的培养基配方

成 分		用量（mg/L）
常量元素	KNO_3	1 900
	NH_4NO_3	1 650
	$MgSO_4 \cdot 7H_2O$	370
	KH_2PO_4	170
	$CaCl_2 \cdot 2H_2O$	440
微量元素	$MnSO_4 \cdot 4H_2O$	22.3
	$ZnSO_4 \cdot 4H_2O$	8.6
	H_3BO_3	6.2
	KI	0.83
	$Na_2MoO_4 \cdot 2H_2O$	0.25
	$CuSO_4 \cdot 5H_2O$	0.025
	$CoCl_2 \cdot 6H_2O$	0.025
铁盐	Na_2-EDTA	37.3
	$FeSO_4 \cdot 7H_2O$	27.8
有机成分	甘氨酸	2.0
	盐酸硫胺素（VB1）	0.1
	盐酸吡哆醇（VB6）	0.5
	烟酸	0.5
	肌醇	100
	萘乙酸	0.05～0.1
	赤霉素	0.1～1
	6-苄基氨基嘌呤	0.1～0.5
	白糖	30g/L
	琼脂	3.5～4g/L
	pH	5.6～5.8

6. 病毒检测筛选脱毒苗

将每个茎尖苗扩繁 2 个试管，统一编号，其中 1 管用于病毒检测，检验病毒是否脱净；另 1 管用于扩繁脱毒苗，并生产少量微型薯用于品种的典型性鉴定。

7. 品种典型性鉴定

脱毒苗大量扩繁前，必须生产少量微型薯，进行品种典型性鉴定，观察所有生物学和形态学性状未发生变异后，才能进行大量扩繁和进一步繁殖原原种、原种等。

五、病毒检测

常用的病毒检测技术主要有指示植物鉴定、酶联免疫吸附测定（ELISA）血清学方法。其他方法还有免疫吸附电子显微镜技术、分子生物学技术如马铃薯病毒的反转录-聚合酶链反应（RT-PCR）诊断技术等。

1. 指示植物鉴定

将马铃薯所带的不同病毒，通过汁液摩擦接种、嫁接或昆虫（桃蚜）接种在特定的指示植物上，会产生可识别的局部或系统的特有症状，如不同的枯斑、脉带、系统花叶等，通过鉴别有无特有症状，来确定马铃薯植株是否带有病毒及带何种病毒（见表6-2）。

表6-2 马铃薯主要病毒在指示植物上的症状

病毒种类	鉴别寄主	接种方式	感染方式	接种至症状出现时间	症　状
马铃薯X病毒	千日红	汁液	局部	7d左右	接种叶出现圆形紫环黄枯斑
	白花刺果曼陀罗	汁液	系统	14d左右	接种叶和上部叶出现明显斑驳花叶，心叶明显，有时形成枯斑
	普通烟	汁液	系统	18d左右	系统花叶斑驳或枯斑，个别株系引起典型环斑或大理石花纹
	黄花烟	汁液	系统	14d左右	全株叶片斑驳花叶
马铃薯Y病毒	普通烟	汁液或蚜虫	系统	17～24d	感病初期叶片明脉，后期沿脉呈绿带状
	洋酸浆	汁液	系统	14d	接种叶和上部叶出现黄褐色不规则枯斑
	心叶烟	汁液或蚜虫	系统	24d	全株叶片呈现花叶或皱缩花叶
	毛曼陀罗	汁液	系统		上部叶片明脉，花叶、皱缩，叶片波状弯曲
马铃薯卷叶病毒	洋酸浆	蚜虫	系统	30d	植株生长受阻，叶片褐绿，卷叶，韧皮部坏死
	紫花球果曼陀罗	蚜虫	系统		轻花叶，褐绿
马铃薯S病毒	千日红	汁液	局部	17d	接种叶出现红色略微凸出的圆环小斑点
	毛曼陀罗	汁液	局部	30d	接种叶片上部明脉，并有直径3～5mm的淡黄色局部斑。子叶期和开花期接种无症状

除马铃薯卷叶病毒须用蚜虫或嫁接接种外，大多数病毒可通过汁液摩擦接种进行指示植物鉴定。具体方法是：先在防蚜温室或网室内种植成套的指示植物，待长出 2～4 片真叶即可接种；取欲测定马铃薯植株的中上部叶片 3～5 片，冲洗干净后放入小塑料袋中，加入 5mL 0.01md/L 的磷酸缓冲液，研磨榨取汁液准备接种；接种时，用喷粉器将直径 23μm（600 筛目）金刚砂喷于指示植物的叶片上，用棉球蘸取马铃薯叶片汁液轻轻摩擦接种。接种室温度以 15～25℃为宜。

2. 酶联免疫吸附测定（DAS - ELISA）

酶联免疫吸附测定是一种用血清学技术检测植物病毒的方法，其原理是抗原（病毒颗粒）能够与其特异性抗体在离体条件下产生专一性的反应。双抗体夹心酶联免疫吸附测定法是最为灵敏的血清学技术之一。病毒颗粒如果存在于样品中，将首先被吸附在酶联板样品孔中的特异性抗体捕捉，然后与酶标抗体反应。加入特定的反应物后，酶将底物水解并产生有颜色（黄色或蓝色）的产物，颜色的深浅与样品中病毒的含量成正比。若样品中不存在病毒颗粒，则不会产生颜色反应。

DAS - ELISA 测定的主要操作程序如下。

（1）包被酶联板：常用的酶联板有 96 个小孔，小孔用 1∶1 000 稀释倍数的病毒特异性抗体（IgG）包被，该抗体用 pH 9.6 的碳酸缓冲液（1.59g Na_2CO_3 和 2.93g $NaHCO_3$ 溶于 1L 蒸馏水中）稀释。用微量进样器将酶联板的所有小孔中加入 100μL 包被缓冲液。酶联板放于 37℃温箱中温育 3～4h。

（2）洗板：倒空酶联板，立即在吸水纸上吸干残余液体。用洗瓶在每个孔中加满 PBS-土温洗涤溶液（用 3.0g NaCl，0.2g KH_2PO_4，2.9g NaH_2PO_4，0.2g KCl 溶入 1 L 蒸馏水中，pH 为 7.2，加 0.5mL 土温-20）。3min 后弃去洗涤液，重复洗涤 4 次。

（3）准备待测样品和加样：酶联板温育时即可进行准备，将采的叶片或芽（0.2g）放于塑料袋中，标记号码，内加 1mL 提取缓冲液（其配制是利用 PBS-吐温洗涤溶液，加入 20％的聚乙烯吡咯烷酮 PVP 和 1％的白蛋白），用试管滚动研碎。取每个样品的上清液 150μL，加入到洗涤后的酶联板小孔中，加完每个样品后都要换吸头。同时加入阳性（感病毒）对照和阴性（健康）对照。之后放于 4℃冰箱中过夜。

（4）加入酶标抗体：酶联板用 PBS-土温洗涤液至少洗涤 3 次（方法同上）。然后在每个孔中加入 150μL 的酶标抗体（IgG - AP），置于 37℃下温育 3～4h。加入的酶标抗体是由（PBS-土温）洗涤溶液中溶入 PVP-白蛋白稀释的酶标抗体。

（5）加入反应底物—显色反应：如前所述洗涤酶联板后，加入 $100\mu L$ 底物。所用底物取决于标记抗体酶和底物的种类，应用较多的酶是碱性磷酸盐酶（AP），底物是对硝基苯磷酸盐（p－NPP）。底物溶解在 1 mol 二乙醇胺中，终深度为 $0.6\sim0.8mg/mL$，并用盐酸调整 pH 至 9.8。其他常用的酶-底物联合体是过氧化氢酶-邻苯二胺或者青霉素酶-青霉素。反应可通过目测区分或用酶标仪进行定量分析。在用仪器进行定量分析时，应加入 $50\mu L$ $3\sim5mol/L$ NaOH，使反应中止。通常认为阳性样品的吸光值要比健康样品高 0.05 倍或 2 倍。

六、脱毒苗快繁与微型薯生产技术

（一）脱毒苗工厂化快繁技术

1. 组培快繁设施

（1）培养基配制室：用于培养基的配制，室内应有耐酸碱、带电源的实验台，药品柜及制作培养基需要的各种化学试剂等，电冰箱，不同感量的天平（包括电子天平），酸碱度仪，蒸馏水制备器，各种规格的玻璃仪器（容量瓶、广口瓶、移液管、烧杯、量筒、玻璃棒等），培养瓶等。

（2）清洗及灭菌室：用于培养瓶的清洗和培养基及剪刀、镊子等接种器具的灭菌消毒，室内应有清洗槽，培养瓶控水架，高压灭菌锅等。

（3）接种室：用于茎尖剥离和脱毒苗茎切段繁殖的接种，室内应有紫外灯，超净工作台，解剖镜，培养瓶存放架，空调，以及酒精灯、解剖针、弯头手术剪、镊子等。

（4）培养室：用于茎尖组织和脱毒苗的培养，室内应有带有日光灯照明的多层培养架，空调，医用双层小推车，温湿度自记仪等。最好采用日光培养室，不但脱毒苗生长健壮，而且可降低成本。

2. 脱毒苗快繁培养基的制备

（1）培养基母液配制：培养基母液的配制一般要用蒸馏水，而用于茎尖分生组织培养的培养基母液，特别是一些激素和有机物母液，最好用重蒸馏水或无离子水配制。现以常用的 MS 培养基为例来介绍培养基母液的配制。

①常量元素母液：常量元素用量相对较多，可将每种试剂单独配成母液。配制母液时以 100 倍的用量分别称出各种试剂，用蒸馏水分别定容至 1 000mL。配制培养基时，每做 1L 培养基取每种母液 10mL（见表 6－3）。

②微量元素母液：微量元素的用量较少，配制母液时一般以 1 000 倍的用量分别称出各种试剂，用蒸馏水分别溶解，然后混合定容至 1 000mL。配制培养基时，每做 1L 培养基取母液 1mL（见表 6－4）。

表 6 – 3　MS 基本培养基常量元素母液的配方

化合物名称	规定量（mg）	扩大倍数	称取量（mg）	母液体积（mL）	1L 培养基吸取量（mL）
KNO_3	1 900	10	19 000		
NH_4NO_3	1 650	10	16 500		
$MgSO_4 \cdot 7H_2O$	370	10	3 700	1 000	100
KH_2PO_4	170	10	1 700		
$CaCl_2 \cdot 2H_2O$	440	10	4 400		

表 6 – 4　MS 基本培养基微量元素母液的配方

化合物名称	规定量（mg）	扩大倍数	称取量（mg）	母液体积（mL）	1L 培养基吸取量（mL）
$MnSO_4 \cdot 4H_2O$	22.3	100	2 230		
$ZnSO_4 \cdot 4H_2O$	8.6	100	860		
H_3BO_3	6.2	100	620		
KI	0.83	100	83	1 000	10
$Na_2MoO_4 \cdot 2H_2O$	0.25	100	25		
$CuSO_4 \cdot 5H_2O$	0.025	100	2.5		
$CoCl_2 \cdot 6H_2O$	0.025	100	2.5		

③铁盐母液：铁盐母液的配制是将硫酸铁和四醋酸钠两种试剂分别称量并分别加热溶解，待全部溶解后混合，再继续加热使其充分螯合，冷却后定容即可。配制培养基时，每做 1L 培养基取母液 5mL（见表 6 – 5）。

表 6 – 5　MS 基本培养基铁盐母液的配方

化合物名称	规定量（mg）	扩大倍数	称取量（mg）	母液体积（mL）	1L 培养基吸取量（mL）
$Na_2 - EDTA$	37.3	100	3 730	1 000	10
$FeSO_4 \cdot 7H_2O$	27.8	100	2 780		

④有机物母液：配制有机物母液时，以 100 倍的用量分别称出各种试剂，用蒸馏水分别溶解，然后混合定容。配制培养基时，每做 1L 培养基取母液 10mL（见表 6 – 6）。

表 6-6　MS 基本培养基有机物母液的配方

化合物名称	规定量（g）	扩大倍数	称取量（g）	母液体积（mL）	1L 培养基吸取量（mL）
甘氨酸	2.0	50	100		
盐酸硫胺素（VB1）	0.1	50	5		
盐酸吡哆醇（VB6）	0.5	50	25	500	10
烟酸	0.5	50	25		
肌醇	100	50	5 000		

（2）培养基配制：配制培养基的具体步骤如下：

①溶解琼脂：准备 1 个 5～10L 的医用不锈钢桶，加入要配制培养基量 1/2 的水，并在桶壁上做出总容量的刻度标记。放入琼脂粉加热并不断搅拌，至全部溶解。

②加入各种母液并定容：按要配制培养基的容量计算，量取出常量元素、微量元素、铁盐、有机物母液及蔗糖，加入到溶解的琼脂中，边加边搅拌，使其混合均匀。然后用水定容培养基至刻度标记。

③调整培养基的酸碱度：用酸碱度仪或精密酸碱度试纸测定培养基的 pH，用 0.1mol/L 盐酸或 0.1mol/L 氢氧化钠调整至所需的 pH。

④分装培养基：将配制好的培养基分装到培养瓶内，培养瓶可以是试管、三角瓶、培养皿，也可以是内底平的小罐头瓶。分装培养基时要注意防止黏附到瓶口上，以免以后引起污染。分装好后用封口膜封口，准备高压灭菌。

（3）培养基灭菌：培养基一般用高压湿热法灭菌，所用高压灭菌锅种类有小型手提式灭菌锅、中型立式灭菌锅、大型卧式灭菌锅等。灭菌时，将装有培养基的培养瓶放入高压灭菌锅中，盖严灭菌锅盖并拧紧螺旋。开始逐渐加温，当压力升到 0.5kg/cm² 时，即打开排气阀排气，待冷空气排尽后，再关上排气阀重新升温。待压力达到 1.1kg/cm² 时，锅内的温度为 121℃，保持 15～20min，即可达到灭菌的目的。然后，将锅内热气由小到大逐渐排出。要注意防止排气过猛，否则易造成培养器皿破碎或培养基外溢。等到灭菌锅内气体排尽后，可打开将培养瓶取出。培养基灭菌时间不宜太长，以免培养基成分发生变化。灭菌后的培养基，一般夏天可放置 3d，冬天可放置 5～6d，无污染时，都可用于组培快繁。

3. 接种操作

马铃薯茎切段组织快速微繁，要严格在无菌条件下进行操作，具体方法是：

（1）准备工作：提前开启接种室的紫外灯和超净工作台 20～30min，开始工作时先用 75％酒精擦洗工作台和清洁手。基础苗的容器外围先用酒精擦拭或喷洒消毒，揭开口放置在工作台上待用。接种用的剪刀、镊子等浸于酒精中，在酒精灯上灼烧灭菌并放在支架上冷却后待用。如不冷却会灼伤脱毒苗及茎段，通常要配备两套用具交替灭菌使用。

（2）剪切茎段与接种： 在超净工作台上，先用剪刀在基础苗瓶中将苗剪切成分别带有 1 个腋芽的茎段，然后用镊子取出接种在新培养基的瓶中。每个直径 10cm 的培养瓶，一般可接种茎段约 20 个。

（3）培养： 将接种好的瓶苗置于培养室中培养，温度约 25℃，光照 3 000lx、16h/d，2～3d 茎段即可从腋芽内长出新芽和根，20～25d 又可进行再次扩繁。如置于日光培养室培养，扩繁周期会缩短 5d 左右。

4. 脱毒试管苗培养环境条件

（1）光照： 光照是植物组织培养中非常重要的环境条件，马铃薯试管苗喜长日照和强光照。在人工光照培养室条件下，以每日 16h 的光照时间，3 000lx 以上的光照强度（相当于 3 只 40W 日光灯下 30cm 处的光强）为宜。在全日光培养室条件下，晴天光照强度一般为 1.2 万～4.5 万 lx，而且光质显著优于人工光照（电灯光），非常适于试管苗培养。

（2）温度： 马铃薯试管苗培养比较适宜的温度是白天 22～27℃，夜间 16～20℃，一定的昼夜温差有利于试管苗的健壮生长。在全日光培养室条件下，由于玻璃培养室的温室效应，室内温度变幅很大而且容易升得太高，需要经常加以人工调节，夏季需要通风与遮阳降温，冬季需要暖气加温。

（3）湿度： 在试管苗的培养过程中，培养瓶中的湿度为 100％的相对湿度有利于试管苗的生长。培养室的相对湿度以 70％～80％为宜，培养室的湿度过低时培养瓶内外湿度差异太大，会使培养基内的水分很快丧失，不利于试管苗的生长和发育；培养室的湿度过高，又会造成室内空气中的真菌、细菌孢子快速繁殖，易引起霉菌污染。

5. 降低组培快繁成本的措施

（1）培养瓶由三角瓶改为罐头瓶： 一般用于组织培养的容器是三角瓶，价格较贵，改用适合的罐头瓶，价格不到三角瓶的 1/10，而且能保证培养效果。现通常用的是直径 7.5cm、高 8cm 的平底无色的小罐头瓶，以耐高温的聚丙烯薄膜作封口膜。

（2）简化培养基成分和降低化学试剂级别： 在大量扩繁试管苗时，可将 MS 培养基成分中的有机物减去，只用其常量元素和微量元素。培养基中作为碳源的蔗糖可用市售食用白糖代替，配制培养基的蒸馏水可用软化后的自来水（白开水）代替。在试管苗定植前的 1～2 次扩繁时，可用液体培养基代替固体培养基，省去价格较高的琼脂。

（3）改灯光培养为日光培养：用全日光培养代替传统的人工光照（电灯光）培养，对植物组织培养来说，可节约一大笔电费和日光灯管购置与更换费用，并且日光培养的试管苗健壮，培养周期缩短，移栽成活率提高。

（二）脱毒微型薯（原原种）工厂化生产技术

1. 生产设施

（1）防虫温室：要求具备冬季增温、夏季降温、通风、光照良好等有利条件和给水、排水、防虫等设施，满足一年四季工厂化生产的需要。入口处应设缓冲间，门窗和通风口要安装孔径 0.36～0.44mm（40～50 筛目）的防虫网纱，以杜绝传毒蚜虫等进入。温室内可设地面苗畦，畦宽 1.2m，畦深 15cm，长度可根据温室大小确定，苗畦之间留有作业走道；也可设置支架移动式离地苗床。温室使用前，要进行彻底灭虫、杀菌。

（2）防虫日光温室：可利用单斜面棚式日光温室，向阳受光斜面用孔径 0.36～0.44mm（40～50 筛目）防虫网纱封闭，上面设有塑料棚膜并备有保温被，内有贮水池，可满足每年生产两季微型薯。入口处亦设缓冲间，进出随手关门，防止蚜虫侵入。内设地面苗畦同防虫温室。

（3）防虫网室：防虫网室是用竹板条或金属钢管作骨架的拱棚，覆盖孔径 0.36～0.44mm（40～50 筛目）防虫网纱，入口处也应设缓冲间。内设地面苗畦同防虫温室。数个防虫网室应设置 1 个贮水晒水池。

2. 栽培基质

基质栽培生产微型薯是目前各地普遍应用的一种方法，用基质代替土壤生产微型薯，既提高了试管苗移栽和扦插的成活率，又避免了土传病害。用于微型薯生产的基质种类很多，可根据当地的情况就地取材，常用的有草炭、蛭石、珍珠岩、松针土、棉籽壳、泥炭、河沙、腐熟马粪、细炉渣等。试验结果与实践证明，马铃薯微型薯生产采用蛭石或珍珠岩做基质的效果较好，其理化性质稳定，空隙度大小适合、松软，透气性和保水性适宜。配好的基质在使用前需测定一下基质的酸碱度，适宜的 pH 为 6～7。

中国农业科学院蔬菜花卉研究所推荐的马铃薯试管苗移栽与扦插的基质是：蛭石、草炭、消毒田园土按 1∶1∶1 的比例混合，每立方米基质加入 2kg 磷酸二铵和 2kg 高温膨化鸡粪做基肥。此营养基质配方的特点是经济实用，综合了蛭石的松软、透气性和保水性能与草炭富含有机质的优点。

3. 营养液

利用基质栽培生产微型薯一般需要浇灌营养液补充营养。用于马铃薯微型薯生产的营养液很多，但基本成分大都相同，只不过是氮、磷、钾的比例与微量元素的选用有所不同。常用的营养液是 MS 培养基的常量元素、微量元素、铁盐的混合液以及一些简化营养液（见表6-7）。

表6-7 马铃薯微型薯生产常用营养液配方

试　剂	营养液（mg/L）		
	MS	K5	改良K5
KNO_3	1 900	1 034	1 034
NH_4NO_3	1 650		
$MgSO_4 \cdot 7H_2O$	370	490	490
KH_2PO_4	170	348	348
$CaCl_2 \cdot 2H_2O$	440	150	150
$Ca（NO_3）_2$			100
$(NH_4)_2SO_4$		170	170
$MnSO_4 \cdot 4H_2O$	22.3		
$ZnSO_4 \cdot 4H_2O$	8.6		
H_3BO_3	6.2		
KI	0.83		
$Na_2MoO_4 \cdot 2H_2O$	0.25		
$CuSO_4 \cdot 5H_2O$	0.025		100
$CoCl_2 \cdot 6H_2O$	0.025		
$Na_2 - EDTA$	37.3	37.3	37.3
$FeSO_4 \cdot 7H_2O$	27.8	27.8	27.8

营养液一般也是先按配方的20～50倍配制成母液，使用时再稀释到所需浓度。配制母液时应注意钙、镁等离子与磷酸根结合易生成沉淀，影响营养成分的效果，各种成分分别溶解后再混合，EDTA铁盐制成螯合铁盐后再与其他试剂混合，pH 5.6～5.8。

4. 试管苗移栽与扦插

试管苗移栽前，首先要对温室或网室用50～100倍福尔马林液、多菌灵消毒，并准备好苗床，填满基质，用水浇透。温室或网室内严禁飞入或带入蚜虫。

微型薯的生产，无论是试管苗直接移栽定植还是先移栽培养基础苗再剪茎扦插，其株行距早熟品种一般为8cm×4cm，每平方米约310株，晚熟品种一般为10cm×5cm，每平方米约200株。移栽或扦插后，应覆盖塑料薄膜及遮阳网纱，以保持湿度及防止强光直射，利于成活。1周后幼苗长出新根，可逐渐去掉塑料薄膜及遮阳网纱。

剪茎扦插时，用生根剂处理茎段基部，能加快生根速度，提高成活率。常用的生根剂有吲哚丁酸（IBA）20～50mL/L；吲哚丁酸（IBA）20mL/L＋赤霉素（GA₃）5mL/L；赤霉素（GA₃）1.8mL/L＋萘乙酸（NAA）100mL/L等。

5. 栽培管理

试管苗移栽或基础苗剪茎扦插后，在缓苗与生根期间，需要提高基质温度以利成活，一般尽可能不浇水。7～15d苗成活后，开始浇水和营养液。一般情况下，成活后每3d、4d分别浇1次水与营养液，浇水和浇营养液要交替进行。所用的水必须要晒热，浇水以保持基质湿润而不积水为度。

微型薯的生产期为60～90d，在移栽和扦插30d左右可用化肥代替营养液，以降低成本。可用磷酸二氢钾和尿素进行叶面喷肥，也可直接将尿素和磷酸二胺洒在苗床上，然后浇水，要注意将叶面上的化肥冲洗掉。施肥应以少量多次为原则。结薯期温度应保持在18～25℃。生长后期若有徒长现象，可及时喷施1次多效唑。微型薯收获后，应放于阴凉通风处预贮约15d，并按大小进行分级，然后放于相对湿度90％、2～3℃控温库中贮藏。

七、脱毒原种与良种繁育技术

（一）脱毒原种繁育

脱毒原种繁育是脱毒良种繁育的基础，其质量的好坏直接关系到脱毒良种的繁育质量，所以要求很严。脱毒原种繁育一般都要求必须在防虫网棚中进行，利用原原种（微型薯）整薯播种。当然，在高海拔冷凉阴湿山区，如果在周围较大范围内，至少10km没有马铃薯生产田或其他马铃薯病毒的寄主如茄科植物等，也可不用防虫网棚在开放条件下繁育脱毒原种。

1. 选地与播种

马铃薯脱毒原种繁育基地要尽可能建立在气候冷凉阴湿的少蚜区，选择地势平坦、地块整齐、土壤肥力条件良好的高产地块集中进行网棚隔离繁育。只有在保证质量的前提下大幅度提高原种繁育产量，才能相对降低繁种成本。进行原种生产用作播种的种薯必须是脱毒微型原种。微型原种必须要求在播种时完全通过休眠，以求播种后出苗整齐一致。

原种繁育要求采用整薯播种。但也不绝对，可根据情况，如果微型薯较大，为避免浪费也可切块，但要注意切刀严格进行消毒。为了获得更多的小薯，原种田的种植密度应略大于一般生产田，每亩4 000～5 000株以上为宜。同时要注意，播种时行长与行数按设计好的网棚长宽进行，并四角打桩做标记，为网棚搭建做好准备。

2. 网棚搭建

在出苗前开始进行防蚜网棚搭建，以防植株受到蚜虫为害传染病毒。不在播种前而在出苗前搭建网棚，主要好处一是减少了网棚材料在田间的留置时间，延长使用年限；二是北方可以避过春雪，以免大雪压垮网棚；三是播种方便。首先要准备好搭建网棚所需的钢架、钢卡、套管和网纱（孔径 0.30～0.44mm 尼龙网纱），如果利用旧的，要事先校正钢架、缝补好有破损的网纱。网棚宽度一般按 8m 设计，长度按地块而定，然后在地长边线上按 2m 距离打眼栽钢架，钢架为拱形，装上拉杆，套上管套、夹上钢卡，然后盖上尼龙网纱，固定牢靠。网棚建好后，立即在棚内喷药防蚜。

网棚一般采用管径为 12.7mm 的钢管为骨架的简易网棚，而且要易组装、易拆卸，每年用到种薯收获前要拆卸入库。这样既可解决轮作倒茬，又会延长网棚寿命。

3. 防蚜与防病

网棚内必须杜绝蚜虫发生，一旦漏入蚜虫繁殖非常快，所以一般以有翅蚜虫出现开始，喷洒杀虫剂防蚜，每隔 7～10d 喷洒一次，每次以不同种类的农药交替喷洒最好。一般用吡虫啉、啶虫脒、蚜虱净等效果较好。

真菌、细菌病害的侵染，在栽培过程中也是较难杜绝的，因此需要采取一些措施，将病害控制在最轻的程度之内。特别要在开花后进行晚疫病的预防，植株叶片初见晚疫病斑时，立即用霜脲锰锌、银法利等药液喷雾防治，每 7～10d 喷 1 次，连喷 3～4 次。

4. 收获与贮藏

提前收获既可以获得更多的幼嫩小薯，又能有效地防止茎叶病菌（包括病毒）传入薯块，是一项有效的保种措施。中晚熟品种可在 9 月中下旬拆去网棚，杀灭茎蔓并运出田间后进行晒地，可以在一定程度上杀死病菌，防止病菌感染薯块。收获后种薯要进行晾晒，同时剔除病烂薯和伤薯。

按品种单独入窖贮藏，防止混杂。原种要与良种或普通马铃薯隔开贮藏，以免接触染病。种薯入窖前，要及时将贮藏窖打扫干净，用生石灰、5％来苏水喷洒消毒。窖内贮量不得超过窖容量的 2/3，窖贮最适温度 2～3℃，相对湿度 80％～90％。

（二）脱毒良种繁育

马铃薯良种繁育不同于普通马铃薯生产，除了采用普通马铃薯栽培技术外，必须严格注意以下几个方面。

1. 脱毒良种繁育基地选址条件

（1）海拔 2 000m 以上，年降水量 500mm 以上的冷凉阴湿山区。

（2）不适于有翅蚜虫降落，蚜虫密度低。

（3）在一定距离范围内（一般 1 000m 以上）不种已有一定程度病毒性退化的普通马铃薯和油菜、茄科蔬菜。

（4）具备一定的自然隔离条件（如高山、森林等），便于集中连片种植，土壤水肥条件好。

（5）交通方便，便于调运。

2. 种薯及种薯处理

一级良种生产用作播种的种薯必须是脱毒原种，二级良种生产用作播种的种薯必须是脱毒一级良种。种薯可为整薯，也可切块，单块重 30～50g。切块时要注意切刀消毒，防止传病。

种薯催芽：播种前 20d 将种薯出窖，置于 15～20℃ 条件下催芽，当薯块大部分芽眼出芽时，剔除病烂薯和纤细芽薯，放在阳光下晒种，使幼芽变绿或紫即可。

药剂拌种：将切好的种块用甲霜灵锰锌、代森锰锌、宝大森药液拌种，然后将水气晾干。拌种后的种块不能久放，第二天应全部种完。

3. 选茬与播种

种薯繁育地块必须实行 3 年以上的轮作，不得连茬。适期晚播，一般 5 月上、中旬播种为宜；播种密度应比一般生产田要增加 20% 左右。施肥以有机肥为主，配施一定比例的氮、磷、钾化肥，要控制氮肥用量，适当增施磷、钾肥。

4. 防蚜防病与拔除病杂株

特别要注意防除蚜虫，一般 6 月初会出现第一个有翅蚜虫迁飞高峰期，这时就要开始定期喷药，每隔 7～10d 喷洒一次，每次以不同种类的农药交替喷洒最好。一般用吡虫啉、啶虫脒、蚜虱净等效果较好。生长后期注意预防晚疫病，如果 7 月中下旬出现连续降雨，就要开始注意，一旦田间出现晚疫病斑或中心病株时，应该及时开始喷药防治，定期喷药 3～4 次。还要注意防治其他病虫害。

严格拔除病杂株，可在现蕾期和开花期分 2 次进行。在拔除病毒病株前应先喷药灭蚜，以防拔病株时将病株上的蚜虫抖落到健株上，病杂株要带离出繁种田。

5. 收获与贮藏

达到生理成熟时就要适时收获，宜早勿晚。收获前一周左右割掉地上部茎叶并运出田间，以减少块茎感病和达到晒地的目的。收获后块茎要进行晾晒、"发汗"，严格剔除病烂薯和伤薯。种薯窖使用前要进行消毒，种薯入窖应该轻拿轻放，防止碰伤。贮藏期间要勤检查，要防冻，更要防止出芽、热窖或烂窖。

6. 加快脱毒种薯繁殖速度的方法

为了提高原种和良种的繁殖系数，在种薯生产上往往采用加快繁殖的各种方法，效果很显著。

（1）掰芽法： 将薯块置于阳畦中一层，上覆土并加盖塑料薄膜，待芽长到 5～7cm 时，掰下扦插到育苗畦中假植，等到长出根叶后在大田定植，这样一个种薯可掰 5～6 茬芽子。

（2）分枝法： 在田间每个植株往往不是一根主茎而是多根，可在幼苗期一根根分开，移植到别处。

（3）剪茎法： 在茎长到一定叶片时，将头带 3～4 片叶子剪下，假植在秧畦中，待生根、长出新叶后定植在大田中。而基础苗剪掉头后每个剩余的叶腋内又长出一头，到一定长度时可再剪，如此可剪数茬。

（4）压条法： 将长到一定长度的茎压倒在周围并用土压住中段，这样在用土压住的部分以及原来的倒下茎部分均可结薯，而暴露在地表外的茎段可发生新枝。

八、种薯质量标准与质量保障

种薯质量是种薯生产的生命线，种薯质量的优劣直接关系到马铃薯生产的产量和品质，更关系到广大农民的收益，必须引起足够的重视。

（一）种薯检验的目的和项目

1. 检验的目的

在种薯生产中，检验是非常重要的一环，只有通过严格的检验，才能查清生产出来的种薯质量是否达到规定的级别标准。所以，严格的检验是种薯繁育能正常、长期而有效进行的可靠保证。

2. 检验的项目

检验的项目很多，检验的重点仍然是病害，特别是病毒病。种薯的检验项目一般分田间检验和室内检验，田间检验植株，室内检验薯块。田间检验的项目主要有：

（1）品种的可靠性；

（2）品种的纯度；

（3）病害，包括主要的真菌病、细菌病和病毒病；

（4）植株生长情况；

（5）植株的成熟度；

（6）周围环境对收获的薯块的影响，着重查有无病毒存在。

田间检验一般在马铃薯生育期内进行 2～3 次。室内检验主要是测定种薯下列几种病毒的测定指数，即 PLRV、PVA、PVM、PVS、PVX 和 PVY。

（二）定级的标准

根据各项指数检验的结果，给种薯定成相应的级别。各个国家种薯分级很不相同，例如荷兰，把种薯分为两大类，一类是基础种，一类是合格种。基础种又分为三个级别，即 S、SE、E 级，以 S 级为最高级别；合格种也分为三个级别，即 A、B、C 级，C 级是最低的一级，该国政府规定基础种不准出口。丹麦和英国的种薯分为 4 级，美国和加拿大分为 5 级。

2012 年我国发布了马铃薯种薯国家标准：GB 18133—2012，把马铃薯种薯级别规范为：原原种（G1）、原种（G2）、一级种（G3）、二级种（G4）四个级别。

（三）检验定级的方法

1. 田间检验

通常在 7 月中旬开始进行田间检验。各级种薯繁育田必须在检验前拔除病株。每个生长季节至少必须检验 3 次，最后一次在拉秧以前。

（1）品种的可靠性：检验人员必须查对品种来源如何、是否真实可靠。根据有关品种资料，在田间对植株的各种性状进行核对。

（2）品种的纯度：将那些异常的植株以及不属本品种的植株都算作不纯的植株。品种纯度的标准要求是严格的，原原种、原种纯度必须是 100%，一、二级良种纯度必须是 99%。

（3）种薯传播的病害：所有的病害中特别注重病毒病。各级种薯可通过分区随机采样法，每 50 亩*采取 250 张叶片（5 点取样，每点 50 片），一般要求取样检测 2～3 次，时间在开花前和开花期。检测规定的各种病毒在各级种薯中的最高允许限度。鉴定方法一般采用酶联免疫吸附法（ELISA）和指示植物鉴定法，测定 PLRV、PVX、PVY、PSV、PMV。每种病害的检验数据乘以系数，即为该级种薯的田间感病指数。不同级别的最高指数不同，基础种的指数为 2～3，合格种为 4～12，超过 12 则这块地不能种植脱毒种薯。

（4）植株生长情况：不能过多施用氮肥，否则因植株生长过旺会掩蔽病毒症状，如有病株也很难认别。在幼嫩植株中病毒蔓延要比成龄植株中快，因此不能对生长很不一致的田块来定级。不论哪种情况，都会降低定级级别。

（5）作物周围侵染源的环境：如果邻近地块成为病毒的侵染源，则这块地

---

* 亩为非法定计量单位，1 亩等于 667m²。

的种薯级别要降低。

2. 块茎的室内鉴定

在冬季对收获的种薯要进行室内检验。原原种和原种采样 200 个块茎，一级和二级种薯采样 100 个块茎。用"731"催芽剂产生的气体，在 25℃下催芽 2d，以打破种薯休眠期，使其萌芽。取其萌发的幼芽，采用酶联免疫吸附法（ELISA）测定 PLRV、PVX、PVY、PSV 等病毒。

我国 2012 年 12 月颁布的《马铃薯种薯（GB 18133—2012）》质量标准见表 6 - 8、表 6 - 9、表 6 - 10。

经过检验定级后，种薯如符合其相应级别的检验定级标准，则发给该级别种薯的合格证书，即可在市场销售调运，投入商业生产。

表 6 - 8　各级别种薯田间检查植株质量要求

项　目		允许率[a]（%）			
		原原种	原种	一级种	二级种
混杂		0	1.0	5.0	5.0
病毒	重花叶	0	0.5	2.0	5.0
	卷叶	0	0.2	2.0	5.0
	总病毒病[b]	0	1.0	5.0	10.0
青枯病		0	0	0.5	1.0
黑胫病		0	0.1	0.5	1.0

a. 表示所检测项目阳性样品占检测样品总数的百分比。

b. 表示所有有病毒症状的植株。

表 6 - 9　各级别种薯收获后检测质量要求

项　目	允许率（%）			
	原原种	原种	一级种	二级种
总病毒病（PVY 和 PLRV）	0	1.0	5.0	10.0
青枯病	0	0	0.5	1.0

表 6 - 10　各级别种薯库房检查块茎质量要求

项　目	允许率（个/100 个）		允许率（个/50kg）	
	原原种	原种	一级种	二级种
混杂	0	3	10	10
湿腐病	0	3	4	4
软腐病	0	1	2	2

（续）

项　目	允许率（个/100个）		允许率（个/50kg）	
	原原种	原种	一级种	二级种
晚疫病	0	2	3	3
干腐病	0	3	5	5
普通疮痂病	2	10	20	25
黑痣病ª	0	10	20	25
马铃薯块茎蛾	0	0	0	0
外部缺陷	1	5	10	15
冻伤	0	1	2	2
土壤和杂质ᵇ	0	1％	2％	2％

a. 病斑面积不超过块茎表面积的 1/5。

b. 允许率按重量百分比计算。

九、马铃薯调种注意事项

马铃薯是一种适应性很广泛的作物，引种较易成功。但是，每个品种都是在一定环境条件下选育出来的，只有在引入地与选育地生态条件一致或接近时，引种才能成功。因此，调种时务必详细了解马铃薯品种选育地纬度、海拔、气候条件等情况，按照以下原则引种。

一要掌握由高到低的原则。由高海拔向低海拔、高纬度向低纬度引种（调种），容易成功。其原因是高海拔、高纬度马铃薯种薯病毒感染轻，退化轻，引到低海拔、低纬度种植，一般都表现较好，成功率高。

二要气候条件相近。在地理位置距离较远的地方，要看引入地与原产地两者在气候条件上是否接近，即同一季节两地气候是否相近或不同季节两地气候是否相近，比如南方冬季和北方夏季气候有相近之处，气温特别接近，雨量也相差不多，北方春播品种，到南方冬播，能够成功。引种地的气候与原产地的气候相近，引种就易获得成功。

三要满足光照和温度要求。把马铃薯从长日照地区引种到短日照地区，往往不开花，但对块茎生长影响不大；而短日照品种引种到长日照地区后，有时则不结薯。温度对马铃薯生长影响极大，特别是在结薯期，若土温超过 25℃，块茎就会停止生长。因此引种时必须注意品种生育期长短，从北方向南方引种，要引进早熟、中早熟品种；而由南方向北方引种，早熟或晚熟品种均可。

四要引进脱毒种薯。病毒是引起马铃薯品种退化的主要原因，它破坏了植株内在的正常功能，植株生长受到很大影响，减产严重。而脱毒马铃薯植株根系发达、吸收能力强，茎粗叶茂，一般增产 30% 以上。因此，在引种或购种时，要选择合格的脱毒种薯。

五要试验、示范、推广三步走。为了防止盲目引种造成损失，要在农作物种子管理部门的指导和监督下，进行试验和示范，再推广种植。同一气候类型区内，在距离较近的地区引种，一般可以直接使用。但气候类型不一样、距离较远的地方，引种的新品种必须经过试验和示范，成功后才可大面积推广。

六要进行植物检疫。在引进和调种时，要有种源地植物检疫部门出具的病虫害检疫证书，防止引进危险性病虫草害。

马铃薯栽培技术

一、选地与整地

1. 选地

从马铃薯的本性要求来说，轮作换茬是必须的，可以充分调节土壤肥力，有效防治病虫草害。如果连作，必然会引起黑胫病、疮痂病等土传病害的加重发生。适宜的前茬作物，各地不完全一样，大体上以禾谷类、豆类作物为好，不宜以胡麻、油菜、甜菜等作物为前茬。特别注意不宜以前茬施过残效期长的禾谷类作物除草剂如绿黄隆等的地块种植马铃薯。

种植马铃薯应选择地势高亢、土壤疏松肥沃、土层深厚，易于排、灌的地块。沙质壤土质地疏松、透气、保肥、排水、保水等性能良好，适于马铃薯栽培。

2. 施肥

施肥原则为：重施基肥，适施追肥，要求基肥适当深施；以农家肥为主，化肥为辅，要求氮磷钾配合。

结合春播深翻地施入基肥，建议基肥施用方案为：施腐熟有机肥每亩45～60t/hm²；化肥氮磷配合，半干旱地区施氮（纯氮）量93～151.5kg/hm²、五氧化二磷（纯磷）量100.5～136.5kg/hm²，高寒阴湿地区施氮（纯氮）量114～159kg/hm²、五氧化二磷（纯磷）量109.5～160.5kg/hm²；在土壤缺钾地块，可适当配施硫酸钾化肥300kg/hm²左右。方案中亩施氮（纯氮）量为基肥施用量，占总施氮（纯氮）量的80%。

二、种薯的选用与处理

1. 种薯的选用

只有选用优质种薯才能保证优良品种应起的增产作用，劣质种薯使优良品种徒有虚名。同一品种不同质量种薯之间产量潜力差异非常大，可见种薯质量在马铃薯生产中具有不容忽视的作用。要实现高产栽培最关键一步就是要选对种薯，这是最基本的环节。必须选用合格的脱毒良种，即选用合格的一级种以上的脱毒种薯。

2005—2007 年甘肃省农科院马铃薯研究所在渭源县会川镇杨庄村连续 3 年对陇薯 3 号的脱毒微型薯、原种、一级种、二级种和三级种进行了产量比较试验，结果原种亩产最高，分别比微型薯、一级种、二级种和三级种平均增产 13.1％、30.8％、46.4％和 63.09％，增产鲜薯分别为 5.81t/hm²、11.82t/hm²、15.92t/hm² 和 19.42t/hm²，为种薯级别选择提供了一定的科学依据。

2. 种薯处理

播种前对种薯一般都要求催芽，其目的是能够提前出苗，而且苗齐、苗壮，可以增加主茎数，促进前期生长发育，提早结薯。

催芽方法：

（1）在有一定温度和光照条件的空房或场地将种薯平摊开进行催芽；

（2）在阳光下晒种催芽；

（3）在向阳处挖坑，内铺消毒腐熟的牲畜粪和熟土，其上堆放几层薯块，上面再以牲畜粪和熟土覆盖，顶上以塑料薄膜覆盖，四周用土压紧。催芽根据温度的高低，一般需要 10～15d 左右，标准一般以长出 0.5cm 左右粗壮的幼芽，剔除病烂薯和纤细芽薯，放在阳光下晒种，使幼芽变绿或紫即可。

种薯可为整薯，也可切块，单块重 30～50g。切块时要注意切刀消毒，防止传病。即切块时如遇病薯污染了切刀，必须将切刀在 500 倍的升汞溶液中浸泡 5min。

药剂拌种：将切好的种块用甲霜灵锰锌、代森锰锌、宝大森药液拌种，然后将水气晾干，或者用多菌灵粉剂拌种。拌种后的种块不能久放，应现拌现种，最好当天全部播种完。

三、播种

适期播种，一般 4 月中、下旬播种为宜。播种采用开沟点播，并沟施种肥，种肥以有机肥为主，配施一定比例的氮、磷、钾化肥。播种也可采用起垄播、点播、坑种等方法。大西洋、夏波蒂等品种，最好采用播种机大垄播种。

播种密度可视土壤肥力、水分等条件而定。阴湿、二阴地区播种密度一般以 5.4 万～6 万株/hm² 为宜，干旱地区旱薄地一般以 2.25 万～3.75 万株/hm² 为宜。播深至少 10～15cm。

四、田间管理

1. 查田补苗

苗基本上出齐后，应及时进行查田补苗，否则缺苗会造成减产。补苗的方法很简便，有 2 种方法：

（1）在田里找出一穴多株（即多主茎）苗刨开土掰下一株来，连根带土移栽到缺苗的地方。

（2）播种时在地头或地边 1～2 行预先密植播种，出苗后进行间苗带土移栽到缺苗的地方。

2. 中耕培土

现蕾期进行第一次中耕培土，10d 后进行第二次中耕培土。后期拔大草 2 次。

追肥：结合第一次中耕培土进行，一般视长势每亩追施尿素 5～8kg。

五、防治病虫害

1. 防治地下害虫

播种时，要在播种沟土壤施入辛硫磷乳油等农药防治地老虎、金针虫、蛴螬等地下害虫。

2. 防治蚜虫

苗齐后 6 月初一般会出现第一个有翅蚜虫迁飞高峰期，这时就要开始定期喷药防治蚜虫，每隔 7～10d 喷洒一次，每次以不同种类的农药交替喷洒最好，至少喷药 4～5 次至开花期。一般用蚜虱净、吡虫啉、啶虫脒等效果较好。

3. 防治晚疫病

生长后期注意预防晚疫病。晚疫病防治要以预防为主，做到及时防治和多次防治。如果 7 月中下旬出现连续降雨，就要开始注意，一旦田间出现晚疫病斑或中心病株时，立即用甲霜灵锰锌、代森锰锌、宝大森、克露、银发利等药液喷雾防治，每 7～10d 喷 1 次，连喷 4～5 次。还要注意防治其他病虫害。

六、灌溉

马铃薯蒸腾系数为 400～600，和其他作物相比具有耐旱特性，每单位用水量生产的马铃薯要比生产的其他粮食更多，成为雨养农业的主推作物。马铃薯发芽期一般不需要灌溉，只要土壤有一点墒情，种薯块茎中所含水分便可使幼芽正常出苗。从团棵到开花，为需水盛期，也是需水敏感期，结薯期是大量需水时期。有灌溉条件的，从团棵以后至成熟期以前，应根据降雨情况及土壤墒情决定浇水。但在结薯后期到成熟期，不应使土壤湿度太大，造成土壤黏重，致使薯块皮孔涨大、表皮木质化程度不良，植株徒长，这一时期不但要控制浇水，在涝天还应采取排涝措施。

大西洋、夏波蒂等国外品种，对水分的需求特别敏感，所以必须视土壤墒情随时灌水。灌水原则是浅灌、多次，最好采用喷灌或滴灌。

七、收获与贮藏

马铃薯植株茎叶枯黄、块茎成熟时就要及时收获，收获前一周左右割掉地上部茎叶并运出田间，以达到减少块茎感病和晒地的目的。收获后块茎要进行晾晒、"发汗"，严格剔除病烂薯和伤薯。

贮藏窖使用前要进行消毒，将贮藏窖打扫干净，用生石灰、5%来苏水喷洒消毒。块茎入窖应该轻拿轻放，防止大量碰伤。窖内贮量不得超过窖容量的2/3，窖贮相对湿度80%～90%，而最适温度，淀粉加工原料薯为3～4℃，油炸食品加工原料薯为8～15℃并结合利用抑芽剂。贮藏期间要勤检查，要防冻，更要防止出芽、热窖或烂窖。

| 第八章
马铃薯主要病虫害防治

病虫害是影响马铃薯生产稳定发展和限制单产提高的重要因素。全世界已报道的马铃薯病害有近百种，在我国为害较重、造成损失较大的有 15 种左右，西北地区主要病害有马铃薯晚疫病、马铃薯早疫病、马铃薯枯萎病、马铃薯黄萎病、马铃薯黑痣病、马铃薯炭疽病、马铃薯坏疽病、马铃薯疮痂病、马铃薯黑胫病、马铃薯环腐病、马铃薯病毒病等，由马铃薯病害导致的减产一般为 10%～30%，严重的可达 70%。马铃薯晚疫病在北方二阴种植区常年发生，每年损失达 30% 以上；早疫病在干旱半干旱区发生严重，损失达 20% 左右；马铃薯环腐病、黑胫病在各地也有不同程度发生，部分生产区域危害较为严重；马铃薯感染多种病毒和类病毒，产生卷叶、花叶、束顶、矮化等复杂症状，在各地较为普遍，造成品种退化而严重减产，其中感染卷叶病毒减产幅度一般为 30%～40%，严重的达到 80%～90%，感染轻花叶病减产 15% 以下，感染重花叶病减产 50% 以上，感染皱缩花叶病减产 50%～80%。即使在气候冷凉的地区，病毒的发生也相当严重。另外，马铃薯作为特殊粮食作物，在贮藏期间发生多种病害，导致烂薯、烂窖。软腐病、干腐病和坏疽病是主要的贮藏期病害，晚疫病、黑胫病、疮痂病、粉痂病等在贮藏期继续发展，造成重大损失。马铃薯害虫有 70 余种，危害较重的 10 余种，马铃薯块茎蛾、马铃薯二十八星瓢虫、蚜虫、地下害虫等分布广，为害重。蚜虫还传播多种马铃薯病毒，都是重要防治对象。重要检疫性对象马铃薯甲虫已在新疆发生为害，其暴食性为害常把叶子吃光，甚至取食薯块，通常减产 30%～50%，大发生时减产 90% 以上。作为马铃薯大省的甘肃，病虫害问题是制约马铃薯产业发展的主要"瓶颈"。因马铃薯病虫害问题每年造成的损失约为 300 万 t。

一、真菌性病害

(一) 马铃薯晚疫病

晚疫病是马铃薯最重要的病害，分布广泛，高湿、多雨、冷凉的地方发病特别严重。一般发病田块，病株率可达 40%～80%，流行年份全田毁灭。被晚疫病菌侵染的块茎，除在田间腐烂外，窖藏中病情会进一步发展，严重的造成烂窖。用病薯作种薯，幼芽、幼苗腐烂致死，造成缺苗断垄。

1. 识别特征

马铃薯地上部叶、茎、花、浆果和块茎都可发病。叶片上的病斑多种多样，取决于温度、湿度、光照强度和品种。典型症状是最初下部叶片的叶尖或叶缘生水浸状小病斑，扩大后成为圆形、半圆形的大病斑，暗绿色至污绿色，病斑周围有水浸状淡绿色至黄色的晕圈，湿度大时病斑迅速扩大，呈褐色，外缘产生一圈白色霉状物，病斑背面尤为明显。病斑可以扩展到主脉或叶柄，叶片萎蔫下垂。最后整个植株湿腐，变黑色。在连续高湿条件下，病情发展迅猛，整株叶片由下向上枯死腐烂，似开水烫过一样，全田枯焦一片，散发出一种特殊的腐败气味（见附图26～附图31）。

大气干燥时病斑变褐干枯，质脆易裂，不产生白色霉状物，进一步发展受到限制。在难以确诊时，可摘下有新鲜病斑的枝叶，用水浸湿后放入塑料袋中保湿培养，若是晚疫病，病斑上可出现白色霉状物。

茎部或叶柄发病后出现暗褐色或黑色条斑。潮湿时条斑上也产生白色霉层。

块茎感病首先是表皮出现褐色至浅紫色小病斑，然后凹陷，严重时小病斑融合成大病斑，占据大部分薯面。病斑下面的薯肉出现深浅不一的褐色坏死部分。切开患处，可见病组织变为锈褐色，腐烂后呈烂梨渣子状。潮湿情况下，腐烂的块茎上生有白色霉毛，病变深入内部，薯肉水浸状，变褐腐烂，与周围健康组织界限不明显。次生微生物（真菌和细菌）经常随着致病疫霉的侵染而侵染，导致薯块部分或完全破坏，并出现复杂的特征，如干腐、软腐发臭等。

2. 病原菌

该病病原致病疫霉 ［*Phytophthora infestans*（Mont.）de Bary］，属于假菌界（Chromista）、卵菌门（Oomycota）的疫霉属（*Phytophthora*）。该菌除危害马铃薯以外，还严重危害番茄，也侵染其他茄科植物。侵染植株病部产生的白色霉状物，为病原菌的无性繁殖器官孢囊梗和孢子囊。孢子囊可以以芽管萌发，但是最普遍的它们形成约8个具有2条鞭毛的游动孢子，游动孢子在水中自由游动，在固体表面被以硬壁。游动孢子在水中停止游动后，萌发产生芽管，芽管经由气孔进入寄主，但通常是形成一个附着器，侵入菌丝穿透表皮直接侵入植物。若温度较高，孢子囊直接萌发，产生芽管侵入植物。一旦进入植物内，无隔的菌丝在胞间和细胞内活动，产生吸器伸到细胞里。致病疫霉有A1、A2两种交配型，两种交配型共存的情况下可发生有性生殖，由藏卵器和雄器结合形成卵孢子。卵孢子在藏卵器内，萌发产生芽管，顶生一个芽孢子囊，芽孢子囊或释放游动孢子，或形成另一个芽管。在恶劣的环境条件下，卵孢子可能在致病疫霉的存活中起作用。2007—2012 年甘肃省致病疫霉交配型，总体上 A1 交配型仍占优势（60.2%），A2 交配型菌株在 2008 年发现，在 2009 年分离菌株中比例增加，之后与 A1 交配型菌株比例相近，自育交配型菌株在 2007—2008 年发现，之后消失，A1A2 交配型仅在 2011 年和 2012 年菌株中存在，所占比例较低。甘肃省致病疫霉交配型存在 A1 交配型、A2 交配型、A1A2 交配型和自育交配型菌系，这种现象也意味着马铃薯致病疫霉容易发生基因重组的有性生殖成为可能，从而产生更具有侵染力和适合度更高的生理小种以及致病力更强的菌株，加重了病害的发生与流行，使晚疫病的防治更加困难。

该病原菌具有明显的致病型分化现象，存在多个致病型不同的生理小种。甘肃省马铃薯晚疫病菌生理小种组成比较复杂，存在可克服所有已知抗性基因的菌株，即 1、2、3、4、5、6、7、8、9、10 和 11 号小种，但对抗性基因可克服的频率有差异，$vri1$、$vri2$、$vri3$、$vri4$、$vri7$、$vri8$、$vri9$、$vri10$、$vri11$ 出现频率达 50% 以上，仅 $vri5$ 和 $vri6$ 出现频率低于 50%，分别为 46.7% 和 34.7%。当地致病疫霉菌群体的生理小种组成非常复杂，往往由于小种的改变使得马铃薯抗病品种丧失抗病性，沦为感病品种，造成晚疫病大发生。

3. 发病规律

在北方和高海拔寒冷地区，田间遗留病残体中的病原菌在第二年马铃薯生长期已经死亡，晚疫病菌以菌丝体在未收获的块茎，贮藏库附近的废弃堆里，或贮藏的块茎和种薯里越冬，成为下一季主要初侵染源。在植株出土后，病菌侵入少数正在生长的茎基部嫩枝，在潮湿条件下病斑上形成孢子囊，产生初次的接种体。一旦初侵染发生，病菌通过空气和水进一步传播。贮藏库附近或倒在路边地埂废弃堆上的块茎，不断地出芽和形成大量的孢子囊，再侵染附近的田块。在冬季种植反季节蔬菜的区域，大棚和温室中的马铃薯或番茄发病，也可能成为当地的主要初侵染源。还有人发现土壤中的病原菌可以直接侵染叶片。土壤中的病原菌，可能随中耕除草或培土起垄，由土层深处被翻到土壤表面，然后直接接触或被雨水溅泼到植物下部叶片上，进而侵入叶片。

由越冬病菌初次侵染而发生的病株很少，多在 0.05% 左右，一般不超过 0.1%，这些病株叫作"中心病株"。中心病株上产生的孢子囊，随风、雨和流水向周围传播，附着在健康叶片上，发生再侵染，使病株不断增多。在中心病株发现后 10d 检查，有 90% 以上的病株分布在中心病株周围 1 000m² 的范围内，仅 10% 的病株距中心病株较远。这样经过多代再侵染，10～14d 就可造成全田发病。因此，早期发现和控制中心病株，是防治晚疫病的关键措施。

在冷凉、潮湿条件下，田间侵染最容易成功。然而，侵染在更大范围的环境条件下发生，耐高温的菌株已有报道。甘肃多年实践证实，7～9月雨水多的年份发病很重。在温度16～22℃，相对湿度接近100%，适宜孢子囊形成。尤其是在相对湿度100%和温度21℃条件下，孢子囊的形成最为迅速，形成数量最多。叶片表面有露水，孢子囊才能萌发和侵入。在6～15℃（适温10～13℃，最适12℃），孢子囊产生游动孢子萌发，经3～5h即可侵入；高于15℃（适温20～24℃，最适24℃），孢子囊直接萌发，产生芽管，经5～10h即可侵入。一旦侵入，在20～23℃时，菌丝在马铃薯体内扩展最快，潜育期最短；超过30℃，病原菌活动严重受抑。英国人标蒙氏指出，在48h内，气温不低于10℃，相对湿度在75%以上，经1个月左右，田间就会出现1%的中心病株。在甘肃，陇东川塬地区和陇南渭河上游地区中心病株的气候条件基本上符合标蒙氏规律；洮岷高山多雨地区病菌侵入的湿度条件经常存在，其限制因子是口最低气温；河西灌区中心病株出现的时间多依灌溉的多少及秋雨来临的迟早而异，一般多在7月中下旬形成，且比较恒定。

不同的马铃薯品种，对晚疫病的抗病性不同。同一马铃薯品种，不同生育期的植株，抗病性也有差异。通常芽期感病，以后抗病性逐渐增强，到现蕾期又复减弱，开花期最敏感。田间多从开花期开始严重发病。植株地上部的抗病性与块茎的抗病性之间没有明显的相关性。例如，东农303和克新4号植株地上部感病而块茎抗病，克新1号和陇薯5号却是植株抗病，块茎感病。因为致病疫霉是高度变异的，病原菌很容易克服品种的抗病性。

4. 防治方法

防治晚疫病应以使用抗病品种为主，合理施药为辅，实行综合防治。

（1）选用抗病品种： 目前各地都有较多抗晚疫病的马铃薯品种可供选用，如甘肃的陇薯3号、5号、6号、7号、8号、10号等，庄薯3号等，青海的高原4号，青薯9号，黑龙江的克新7号、10号、11号、东农303、黑龙江3号等，宁夏的宁薯5号等。在选用抗病品种时，既要考虑其产量水平、品质、适应性、生育期以及其他重要因素，也要考虑品种对其他重要病害的兼抗性。

（2）采用脱毒无病种薯作种： 通过用无病留种，或播前严格检查并剔除病薯，以减少田间初侵染源，尽量使用脱毒种薯。

（3）控制潜在菌源： 对薯堆废弃物、播前剔除的病薯、自生苗等要妥善处理，避免生长季节早期（初次）菌源的积累和传播。

（4）加强栽培管理： 采用合理的栽培方法，如施氮肥不过量、增施磷钾肥、高培土、及时清除中心病株、起高垄，及时排水降湿、收获前割秧晒地、收获时精细操作减少块茎伤口等。

（5）合理施药防治： 当前可用于防治马铃薯晚疫病的药剂很多，常用的有甲霜灵系列、霜脲氰系列、铜制剂、有机硫杀菌剂等（见表8-1）。

表 8 - 1 防治马铃薯晚疫病的杀菌剂

药剂名称	使用方法和参考用药量	药剂特点
25%甲霜灵可湿性粉剂	(1) 用 800～1 000 倍液喷雾;(2) 用 500～800 倍液灌根;(3) 拌药土根施,每 100g 药拌干细土或煤灰 20～25kg,穴施盖土	具保护、治疗作用的内吸杀菌剂,有双向传导性能,持效期 10～14d,土壤处理持效期可超过 2 个月。在发病前或发病初期施用。长期单一用药,病原菌极易产生抗药性
58%甲霜灵锰锌可湿性粉剂	(1) 用 400～500 倍液喷雾;(2) 按用种量的 0.3%拌种薯块;(3) 用 500 倍液灌根	甲霜灵与代森锰锌的混剂,具保护、治疗作用的内吸杀菌剂,极易产生抗性
40%三乙磷酸铝可湿性粉剂	(1) 用 600～800 倍液喷雾;(2) 按用种量的 0.3%拌种薯块	具有双向传导的内吸性保护和治疗作用的杀菌剂,不要与酸、碱性农药混用
64%噁霜锰锌(杀毒矾)可湿性粉剂	用 400～500 倍液喷雾	噁霜灵和代森锰锌的混剂,进入植物体内后向顶传导能力很强,有良好的保护和治疗、铲除活性,不要与碱性农药混用
72%霜脲锰锌可湿性粉剂	(1) 用 600～800 倍液喷雾;(2) 按用种量的 0.3%拌种薯块	霜脲氰和代森锰锌混配而成,霜脲氰有内吸作用,其机理主要是阻止病原菌孢子萌发,对侵入寄主内的病菌也有杀伤作用,具内吸性和保护性
80%代森锌可湿性粉剂	用 500～600 倍液喷雾	有机硫类保护性杀菌剂,需在病害发生前或发生初期施用。不要与碱性和含铜制剂混用
70%代森锰锌可湿性粉剂	用 500～600 倍液喷雾	同代森锌
10%烯酰吗啉水剂	用 1 000～1 500 倍液喷雾	是专一杀卵菌纲真菌杀菌剂,对卵菌生活史的各个阶段都有作用。与苯基酰胺类药剂无交互抗性
72.2%霜霉威水剂	用 1 000～1 500 倍液喷雾	氨基甲酸酯类杀菌剂,具有较好的局部内吸作用,处理土壤后能很快被根系吸收并向上输送至整株植物,茎叶喷雾处理后,能被叶片迅速吸收起到保护作用
687.5g/L 银法利悬浮剂	用 600～700 倍液喷雾或灌根	氟吡菌胺和霜霉威盐酸盐复配制剂,具有内吸性、传导性、保护性,有保护、治疗作用
10%氰霜唑(科佳)悬浮剂	用 2 000～2 500 倍液喷雾	氰基咪唑类杀菌剂,具有保护性、治疗性和传导性,持效期长
50%氟啶胺(福帅得)悬浮剂	用 1 500～2 000 倍液喷雾	2,6-二硝基苯胺类化合物,保护性杀菌剂。耐雨水冲刷,持效期长

（续）

药剂名称	使用方法和参考用药量	药剂特点
86.2%铜大师可湿性粉剂	用 1 200～1 600 倍液喷雾	无机铜杀菌剂氧化亚铜，以保护作用为主。黏附性强，持效期较长，不能与强碱性、强酸性农药混用
77%可杀得可湿性粉剂	用 500～750 倍液喷雾	无机铜杀菌剂氧化亚铜，以保护作用为主。不能与强碱性、强酸性农药混用
硫酸铜	用 500～1 000 倍液喷雾，现蕾后每隔 7～10d 喷药 1 次，共喷 2～3 次	无机铜杀菌剂，以保护和铲除作用为主。易生药害，需注意防止。对铁器有腐蚀作用
波尔多液	用 2∶1∶100 或 1∶1∶160～200 的药液喷雾	无机铜素杀菌剂，具保护作用，碱性，不宜与怕碱的药剂混用，需现配现用

药剂防治的成败取决于能否适时施药、能否精细施药。有条件的地区可通过技术人员的预报信息，在晚疫病出现期尽早应用保护性杀菌剂如代森锰锌等药剂进行喷雾预防，一旦田间发现病叶，应立即组织进行统防统治，最好选用机动喷雾器，喷施幅宽不超过 3 行，要求叶片正反面都能着药。喷药时间和间隔应根据病情发展情况而定。晚疫病易于产生抗药性，为防止或延缓抗药性晚疫病菌产生，应轮换、交替使用化学成分不同，且无交互抗药性的药剂。也可以选用含有多种有效成分，不易产生抗药性的复配剂。甲霜灵是常用的防治晚疫病的高效杀菌剂，但由于其作用位点单一，致病疫霉在一个生产季节中即可对其产生抗药性。为此，甲霜灵抗性成为了解致病疫霉菌表型分化的一个常用指标，通常认为抗药性的产生与苯基酰胺类农药的使用频率等有关。本研究对甘肃省 8 个市 18 个县的 186 个致病疫霉进行甲霜灵敏感性测定，28.49%对甲霜灵表现敏感、15.6%表现中抗和 55.9%表现高抗。各采集点均发现对甲霜灵表现高抗的菌株，除兰州和临夏，其他各地分离的菌株中抗性菌株比例大于敏感菌株。这表明甘肃省马铃薯晚疫病菌对甲霜灵产生抗药性的频率比较高。

（6）贮藏期管理：贮藏前剔除被侵染的块茎，预防贮藏期间的腐烂。保持适当的空气流通和冷凉的温度，同时考虑其他因素。

（二）马铃薯早疫病

早疫病俗称夏疫病、轮纹病或干斑病，是马铃薯最常见病害，各地都有发生。病株叶片干枯，一般年份产量损失率约 5%，严重田块的损失率达 30% 以上，有些品种则可造成全株枯死或全田早枯。该病近年呈上升趋势，其为害有的地区不亚于晚疫病。该病害在北方一般多在 7 月以前发生，较晚疫病早，所以称为"早疫病"。目前该病害已成为仅次于马铃薯晚疫病的第二大病害。

1. 识别特征

早疫病一般在马铃薯生长中后期发生，主要侵染植株下部衰老叶片，也为害叶柄、茎和块茎。通常植株下部较低、较老叶片先发病，逐渐向上部叶片蔓延。叶片染病首先出现小（1～2mm）斑点，组织是干燥和纸状的，而后变成褐黑色，当它们扩展时，成为圆形或近圆形。由于叶脉限制，发展的病斑经常有角形的边缘、凸起或凹陷的坏死组织的同心轮纹，大小3～12mm，病斑周围或病斑之间叶组织经常褪绿。湿度大时，病斑上生出黑色霉层，即病原菌分生孢子梗和分生孢子。由于新病斑发展和老病斑扩展，使全叶褪绿；然后坏死，脱水，但是通常不落叶（见附图32～附图34）。有些感病品种发病严重时全田提前枯死。

块茎染病产生暗褐色稍凹陷圆形或近圆形大小不一的病斑，大的直径可达2cm，边缘常形成浅紫色凸起，较为分明，有的老病斑表面出现裂缝。皮下呈浅褐色或紫褐色，革质至木栓化干腐，深度可达5mm。在贮藏期间病斑增大，块茎在病情发展时皱缩。块茎上的早疫病病斑，不易于像许多其他块茎腐烂那样被第二次微生物侵染。

2. 病原菌

病原菌为茄链格孢［*Alternaria solani*（Ellis et Martin）Sorauer］，属于有丝分裂孢子真菌中的链格孢属。病斑上生出黑色霉层，即病原菌分生孢子梗和分生孢子。菌丝丝状，有9～11个隔膜。菌丝生长适温为26～28℃，最低1～2℃，最高37～45℃。分生孢子具纵隔1～9个，横隔7～13个。在28～30℃的温度下，分生孢子萌发很快。该病菌不同菌株之间在侵染能力、培养性状和对环境条件的耐性等方面存在很大差异。病菌寄主范围很广，除马铃薯外，可危害玉米、小麦、番茄、辣椒、茄子、梨、苹果、烟草、剑麻和曼陀罗等多种植物。

3. 发病规律

茄链格孢可存在于病残体、土壤、带病薯块或其他寄主植物上，翌年种薯发芽病菌即开始侵染。病苗出土后，其上产生的分生孢子借风、雨传播，进行多次再侵染使病害蔓延扩大。病菌易侵染老叶片，遇有小到中雨或连续阴雨或湿度高于70%，该病易发生和流行。尤其是在湿润和干燥天气交替期间，该病害发展最迅速。在一个生长季节里，可以反复发生多次侵染，造成全田发病。

降雨有利于孢子形成，雨后2～3d，空中飞散的孢子数明显增多，孢子传播高峰期后10～20d，田间发病数量急剧增多。灌区由于延长露水时间，早疫病发生严重。重茬地、土壤瘠薄及肥力不足田块发病重。

未成熟块茎的表面容易被侵染，相反，成熟块茎的表面较抗病。成熟块茎表皮的侵染必须有伤口才可以，在秧蔓死亡和起薯之间 3～4d，或更长的期间，块茎的抗性显著提高。

马铃薯不同生育期植株的抗病性明显不同，马铃薯植株从苗期至孕蕾期的抗病性最强，在始花期开始其抗病性逐渐减弱，盛花期其抗病性迅速下降。对叶部侵染的田间抗性与植株的成熟度有关。晚熟品种通常较为抗病。当侵染发生在生长季节后期时，通常不会影响产量。

4. 防治方法

在马铃薯病虫害综合防治体系中，一般情况下早疫病是兼治对象。在常年发病严重或发病条件特别适宜的地区和大发生年份，脱毒薯繁育基地需要专门防治。采用以消灭菌源、及时药剂防治为中心的综合防治策略。

(1) 减少菌源： 选用无病种薯，及时清除田间遗留的病薯、病叶、病茎及其他寄主植物残体，集中烧毁或深埋。

(2) 选用抗病品种： 具有田间表现耐性的品种是有效的，但没有不染病的抗病品种。生产中发现克新 1 号、晋薯 7 号、东农 303、庄薯 3 号和国外的 Tygeve kollane、沙罗及他格西等品种有较强的抗病性。

(3) 栽培防治： 采取合理灌溉、清沟排渍、低洼地高畦种植、清除杂草、合理密植等措施降低田间湿度，改善通风透光条件；合理施肥，施足底肥，及时追肥，增施磷、钾肥，推行配方施肥，防止植株脱肥早衰，提高抗病性；清除田间病残体，做好邻近番茄、茄科植物的早疫病防治，减少菌源；有条件的地区应合理轮作，重病区最好与玉米、大白菜等作物实行 3 年制轮作。

(4) 药剂防治： 播种前以药剂浸种或拌种、病害发生初期及时喷施农药杀灭发病老叶的病菌、收获后喷施农药杀灭病残体上的病菌，可有效防治早疫病。一般在马铃薯始花期发病前，开始喷洒 25％嘧菌酯悬浮剂 1 500 倍液、10％苯醚甲环唑微乳剂 1 500 倍液、32.5％苯甲嘧菌酯悬浮剂 1 500 倍液、50％乙磷铝可湿性粉剂 600 倍液、75％百菌清可湿性粉剂 600 倍液、64％杀毒矾可湿性粉剂 500 倍液、70％代森锰锌可湿性粉剂 500 倍液、1：1：200 倍波尔多液、77％可杀得可湿性粉剂 500 倍液，也可以结合预防晚疫病采用 72％霜脲锰锌可湿性粉剂 800 倍液等进行防治，隔 7～10d 1 次，连续防治 2～3 次。

（三）马铃薯黑痣病

黑痣病又称丝核菌溃疡病、茎基腐病和黑色粗皮病。该病为典型的土传和种传病害，病菌在土壤中可存活 2～3 年。马铃薯黑痣病是近年马铃薯生产中发生越来越普遍、危害越来越大的病害，在甘肃高海拔冷凉山区病株率为 10％～15％，重病田发病率达 50％以上；在干旱地带病株率超过 20％，尤其在近年发展的地膜马铃薯田危害尤为严重，部分田块病株率高达 100％，造成提前枯死，减产十分严重。该病害在马铃薯整个生育期都能发生。

1. 识别特征

马铃薯黑痣病主要危害马铃薯的幼芽、茎基部和薯块（见附图35～附图37）。黑色或暗褐色的菌核在成熟的块茎表面发展。菌核扁平、表生，在块茎表面呈土壤颗粒状不规则块团，且冲洗不掉。这种菌核下面的块茎皮层通常是未被侵染的。其他的块茎症状包括破裂、畸形、锈斑和茎末端坏死。贮藏期间块茎病情可进一步发展。

病原菌有时侵染芽尖，幼芽和幼苗变黑腐烂，与晚疫病难以区别。在春天播种后不久，植株受害最严重。受损地下芽出苗延缓，特别是在冷凉、潮湿的土壤里，造成稀少、参差不齐的弱株，并导致产量降低。出土后的马铃薯幼苗，在地面上下的茎基部产生1个至数个红褐色椭圆形凹陷斑，以后色泽变深，扩大并绕茎一周，包围茎基部。根部受害，产生褐色斑点，严重时根系死亡。秧蔓茎基部经常引起环剥和茎的死亡，死亡的茎基部浅红褐色至灰黑色，后期皮层和维管束剥离，在维管束和剥离的皮层上有大量黑色的小菌核。病株叶片变黄或卷曲，新芽变红，叶腋处形成气生块茎。有的表现植株矮小和顶部丛生、木质茎的皮层坏死、叶片的紫色色素沉积、褪色，最严重的在植株的顶部。重病株可形成立枯或顶部萎蔫或叶片卷曲。匍匐茎上淡红褐色的病斑，引起匍匐茎乱长，或薯块畸形；根也减少，形成稀少的根条。

病原物的有性阶段，发生在地表以上的茎表面，并产生灰白色菌丝层；其上形成担孢子，茎表面呈白色油漆状霉层。该菌丝层容易被擦掉，而菌丝层下面的茎组织是健康的。一般位于茎地下部病斑上面。

2. 病原菌

病原菌为茄丝核菌（*Rhizoctonia solani* Kühn），属于无性类真菌的丝核菌属；有性态为瓜亡革菌［*Thanatephorus cucumeris*（Frank）Donk］，属于担子菌门亡革菌属。茄丝核菌是一种全世界大量作物和野生寄主的病原物，寄主范围极广，菌丝生长最低温度4℃，最高32～33℃，最适23℃，34℃停止生长，菌核形成适温23～28℃。

茄丝核菌寄主范围极广，至少能侵染43科263种植物，包括马铃薯、水稻、玉米等栽培作物和众多野生植物，因此对农业生产危害严重。该菌不产生分生孢子，为对其进行区分，采用了菌丝融合群的划分将茄丝核菌分成多个融合群（anastomosis group，AG）。迄今为止，茄丝核菌的融合群已增至14个，而融合亚群至少已有18个。不同融合群有一定的寄主专化性，引起马铃薯黑痣病的融合群主要为AG-3和AG-4。在我国，马铃薯黑痣病菌融合群主要为AG3，同时也有AG-1-ⅠB、AG-2-1、AG-4 HG-Ⅱ、AG-4 HG-Ⅲ、AG-5、AG-9和AG A等其他融合群，但其出现频率很低。AG-3融合群的寄主范围相对较窄，主要侵染马铃薯。陈爱昌等（2016）报道了定西市马铃薯黑痣病菌融合群主要为 AG - 3（70.0%），其次有 AG - 4 HG - Ⅱ（15.0%）、AG - 2 - 1（7.5%）。

3. 发病规律

马铃薯黑痣病菌以病薯上的或留在土壤的菌核越冬，或以菌丝体在土壤里植株的病残体上越冬，病菌可在土壤中存活多年。翌年春天，当温度和湿度条件适合时，菌核萌发并侵染马铃薯幼芽，可迅速进入皮层和导管组织，从芽条基部产生的侧枝也可被病菌侵染。带病种薯不仅是主要初侵染源，也是远距离传播的主要途径。该病发生与春寒及潮湿条件有关，播种早或播后土温较低、湿度大发病重。重茬地丝核菌的密度较大。马铃薯黑痣病对温度适应范围广，菌核在 8~30℃皆可萌发，担孢子萌发的最适温度为 23℃，最适宜病害发展的土壤温度是 18℃，而病害的发展随着温度的增高而减缓。一般连作或很少轮作的土地，茄丝核菌的存活数量会加大，发病较重。土壤的高湿度，特别是排水不良有利于发病。马铃薯出苗时遇到较低的土壤温度和较高的土壤湿度，因有利于茄丝核菌对幼芽和幼苗的侵染，发病率高、发病重。

4. 防治方法

防控马铃薯黑痣病必须以轮作和清除病残体为主，以减少初侵染源。目前，该病最有效的化学防控为垄沟施药。

（1）轮作倒茬： 由于菌核能长期在土壤中越冬存活，因此与小麦、玉米、大豆、多年生牧草或中药材等轮作倒茬可降低土壤中的病菌数量，一般实行 4 年以上轮作制。

（2）利用无病种薯： 目前还没有鉴定出对茄丝核菌有高度抗性的马铃薯品种，播种前选择无病种薯是关键。

（3）种薯处理： 氟酰胺、噻呋酰胺、适时乐等药剂拌种。种薯切块后，以25%嘧菌酯悬浮剂、32.5%苯甲嘧菌酯悬浮剂或 3%恶·甲水剂，加上 20%噻菌铜悬浮剂或 30%琥胶肥酸铜悬浮剂 500 倍液浸种 30min 可达到较好的效果。

（4）栽培控病： 注意轮作倒茬，发病重的地区，尤其是高海拔冷凉山区，要特别注意适期播种，培育壮苗，避免因早播后地温过低，发芽出苗阶段延长，芽苗衰弱。加强田间管理，增施磷钾肥，雨后及时排水等措施都有利于减轻发病。

（5）土壤处理： 播种前开沟后用 25%嘧菌酯悬浮剂喷施到薯块和土壤中，然后覆土。

（四）马铃薯枯萎病

马铃薯枯萎病又叫马铃薯立枯病。由几种镰刀菌引起的马铃薯枯萎病广泛分布在马铃薯种植区，在相对高温或在炎热和干燥季节种植马铃薯的地区发生最严重。可侵染番茄、马铃薯、球茎茴香、甜瓜、草莓等。

1. 识别特征

发病初期，下部叶片白天萎蔫，傍晚恢复，2d后不再复原；植株矮化、丛生，叶片褪绿，黄化或呈青铜色，腋芽处着生气生薯。病菌有时寄生在病株维管束中无症状表现，有时进入维管束后能马上堵塞导管，并产生出有毒物质，扩散并逐渐向上延展，导致病株叶片枯黄而死。根系及茎基部皮层腐烂，剖开病茎、薯块维管束变褐，湿度大时，病部常产生白色至粉红色菌丝。块茎呈现表面斑点和腐烂，包括茎末端变褐色和在匍匐茎着生处腐烂。内部的维管束变色，严重损害商品质量（见附图38、附图39）。

2. 病原菌

引起马铃薯枯萎病的病原菌有 *Fusarium eumartii* Carp、*F. oxysporum* Schl.、*F. avenaceum*（Fr.）Sacc.、*F. Solani*（Mart.）App & Wr 等多种镰刀菌，属无性类真菌。病菌一般产生分生孢子座，分生孢子有大型分生孢子和小型分生孢子两种类型。大型分生孢子一般散生在气生菌丝或分生孢子座、黏孢团及黏滑层中，较粗壮；小型分生孢子多散生在菌丝间，一般不与大型分生孢子混生。当环境不利时，腐烂的植物组织和土壤中的病残体可产生大量的厚垣孢子。

3. 发病规律

病菌以菌丝体或厚垣孢子随病残体在土壤中或在带菌的病薯上越冬。可营腐生生活，为典型的土传病害。根和茎的腐烂处在潮湿环境下产生子实体，孢子借气流、雨水和灌溉水传播，从伤口侵入。马铃薯枯萎病发病最适温度为27～32℃。在20℃时病害发生趋向缓和，15℃以下不再发病。在春夏季，高温、干旱条件下植株长势弱，病害发生较重；氮肥施用过多，土壤偏酸性，有利于病菌的生长和侵染。田间湿度大、土温高于28℃或重茬地、低洼地易发病。

4. 防治方法

（1）清除田间病残体，与禾本科作物或绿肥等进行4年轮作。

（2）选择健薯留种，施用腐熟有机肥，加强水肥管理，可减轻发病。

（3）合理密植，加强田间通风透气。

（4）药剂防治：可用25％嘧菌酯悬浮剂1 000倍液、32.5％苯甲·嘧菌酯悬浮剂1 000倍液、3％恶·甲水剂500倍液或42％噻菌灵500倍液轮换灌根2～3次，可有效控制危害。

（五）马铃薯粉痂病

马铃薯粉痂病在欧美一些国家发生相当广泛，是影响马铃薯生产的主要病害之一。国内福建、广东、湖北、云南等省有发生。20世纪50年代福州连作薯田局部发病率曾达 99.3%，薯块发病率达 40.7%。湖北省西部山区也曾大面积发生。甘肃省在近年来一些品种上该病害也严重发生。我国少数省、自治区曾将该病列为补充农业植物检疫对象。

1. 识别特征

粉痂病主要为害块茎及根部，有时地下茎也可染病。块茎在染病初期，皮孔、伤口和芽眼处（不经常）的侵染是明显的，呈紫褐色的疱状突起，直径 0.5～2mm（见附图 40、附图 41）。而后，在外皮层下扩展，并形成隆起或丘疹状的病斑，周围有宽 1～2mm 的半透明晕环，边缘清楚。后小斑逐渐隆起、膨大，成为直径 3～5mm 不等的"疤斑"，其表皮尚未破裂，为粉痂的"封闭疤"阶段。后随病情的发展，寄主细胞分裂迫使外皮层破裂，结果形成白色瘤状物，随着"疤斑"表皮破裂、反卷，皮下组织现橘红色，散出大量深褐色粉状物（孢子囊球），"疤斑"下陷呈火山口状。发病部位的病健组织之间形成木栓化的环，疤斑部分凹陷露出空洞，为粉痂的"开放疤"阶段。通常，病斑被隆起的、边缘撕破的爆裂皮层包围着。根部染病时，在根的一侧长出豆粒大小单生或聚生的乳白色瘤状物，当瘤状物成熟时，变成暗褐色。土壤潮湿时，病部的外皮层不发展，病斑向深度和宽度扩展，形成一个浅凹的病区或很大的瘤，这是粉痂病的溃疡形式。在贮藏期间，粉痂病可以形成干腐、更多的瘤或溃疡。如果被侵染的组织没有通过外皮层破裂，侵染和坏死可以侧向扩展，产生一个或两个围绕着原来侵染部位的坏死环。粉痂病可以作为晚疫病和大量的伤口病原物的侵入点。病变部分常感染杂菌，引起干腐。

2. 病原菌

病原菌为 *Spogospora subterranean*（Wallr.）Lagtrh. f. sp. *subterranea*，属原生动物界根肿菌门粉痂菌属马铃薯粉痂菌。除寄生并危害马铃薯外，还寄生于番茄等茄科植物。马铃薯病块茎疤斑中的褐色粉末，为病原菌的休眠孢子囊堆，它由许多休眠孢子囊构成，为海绵状中空球体。病原菌以休眠孢子囊萌发后产生游动孢子，这种孢子有鞭毛，可以游动，接触马铃薯块茎后，鞭毛收缩，变为变形体，从皮孔或伤口侵入。

3. 发病规律

马铃薯粉痂病为典型的土传病害，病菌以休眠孢子囊球在种薯内或随病残物遗落在土壤中越冬，病薯和病土成为翌年本病的初侵染源。病害的远距离传播靠种薯的调运；田间近距离传播则靠病土、病肥、灌溉水等。休眠孢子囊在土中可存活 4～5 年，当条件适宜时，萌发产生游动孢子，游动孢子静止后成为变形体，从根毛、皮孔或伤口侵入寄主；变形体在寄主细胞内发育，分裂为多核的原生质团；到生长后期，原生质团又分化为单核的休眠孢子囊，并集结为海绵状的休眠孢子囊球，充满寄主细胞内。病组织崩解后，休眠孢子囊球又落入土中越冬或越夏。土壤湿度 90% 左右，土壤温度 16～20℃，土壤 pH4.7～5.4，适于病菌发育，因而黏重的和酸性的土壤发病重。夏季凉爽，雨水多的年份发病重。本病发生的轻重主要取决于初侵染及初侵染病原菌的数量，田间再侵染即使发生也不重要。

4. 防治方法

（1）轮作倒茬：与非茄科作物实行 5 年以上的轮作。不用带病种薯饲喂家畜。

（2）选用无病种薯：防治粉痂病应选用无病种薯或进行种薯消毒处理。种薯消毒方法有 3 种：

一是用稀释 200 倍的福尔马林溶液浸湿种薯，然后用塑料薄膜或草袋覆盖闷种 2h，用清水冲净，晾干后播种。或用福尔马林溶液加温浸种，即用 45℃ 药液浸种 10min。

二是温汤浸种。用 55℃ 热水，浸种薯 15min。已经发芽的种薯，在温汤浸种时芽子会受到损伤。因而已发芽的种薯，在处理后应贮藏一定时间，待新芽生出后再播种。

三是用 2% 盐酸液浸种 5min。另外，重病田需与非茄科作物进行 5 年轮作，施用未混有病残组织的农家肥。田间要高畦栽培，清沟排渍，增施磷、钾肥。酸性土壤要施用石灰，以减轻发病。种植新芋 4 号、鄂芋 783-1 等抗病或轻病品种。

（六）马铃薯黄萎病

黄萎病是一种枯萎病害，病株早期死亡，又称为"早死病"或早熟病，是马铃薯的一种重要病害，轻者损失 20%～30%，严重者减产 40%～60% 不等。该病害可与其他引起早熟的病害相混淆，但却普遍发生在任何种植马铃薯的地方。

1. 识别特征

在整个生育期均可发生。轮枝菌黄萎病引起植株的早期感染。叶片变成淡绿色或黄色，成熟前死亡，常以"早干"或"有早熟性"来描述。在生长季节，病株根部和茎部维管束被破坏，植株可以失去活力，直到萎蔫，特别是在炎热和阳光充足的天气条件下。只有一条茎或在茎一侧的叶片可以首先萎蔫。叶片的侧脉之间变黄，逐渐转褐，有时叶片稍往上卷，自顶端或边缘起枯死，不脱落。轻病植株生长缓慢，下部叶片变褐干枯，或者仅 1～2 个分枝表现黄萎症状，严重的整个植株萎蔫枯死。茎的维管束组织变成淡褐色或褐色，如果在植株地平面削一个长而斜的切口，最容易观察。当土壤湿度大和肥料充足的时候，某些品种外部可呈现出基部坏死条纹。根茎染病初症状不明显，当叶片黄化后，剖开根茎处维管束已褐变，后地上茎的维管束也变成褐色。块茎染病始于脐部，被侵染植株上的块茎（不是所有块茎）通常维管束呈淡褐色。严重的维管束变色，纵切病薯可见"八"字半圆形变色环。通过块茎可以扩展到茎的髓部，变色的维管束长的达 1m 以上。在严重被侵染的块茎里可形成洞穴；粉红或棕褐色变色可以围绕芽眼发展，或在被侵染的块茎表面形成不规则的斑点，这种症状可与中等病情的晚疫病相混淆（见附图 42～附图 45）。

近年在北方地区黄萎病有加重趋势，值得重视，初发生时，田间病株零星分散，常被误认为晚疫病的中心病株，需仔细鉴别。病株的块茎维管束有时也变褐色。由于引起块茎维管束变褐的原因有多种，在贮藏期间仅仅发现块茎维管束变褐，不能简单地断定为黄萎病。

2. 病原菌

病原菌为轮枝孢属真菌，有 *Verticillium dahlia* Kleb 和 *V. albo - atrum* Reinke & Berth 两种。它们的寄主范围很广泛，除马铃薯外，还能引起棉花、茄子、向日葵、豆类、豆科牧草、草莓以及其他多种作物的黄萎病。病菌发育适温 19～24℃，最高 30℃，最低 5℃，菌丝、菌核 60℃经 10min 致死。国内发生的仅为大丽轮枝孢，还没有发现黄萎轮枝孢，黄萎轮枝孢菌在国外分布较广，是我国的植物检疫对象。

3. 发病规律

黄萎病菌主要以休眠菌丝和拟菌核在土壤和病残体中存活越冬，能在土壤中和病残秆上形成抗逆性很强的拟菌核（又称微菌核），可侵染下一季寄主，种薯也能带菌，病原菌主要存在于薯脐、芽眼及表皮中。翌年条件适宜，通过根毛、伤口（包括不定根伸出点的伤口）、枝条和叶面进行侵染。侵入后菌丝在细胞内和细胞间向木质部扩展。病菌进入导管内可大量繁殖，并随液流迅速向上向下扩展至全株，导致萎蔫，并使组织中毒变褐。分生孢子在田间随灌溉水、雨水、农事活动亦可传播侵染，但不起主导作用。一般气温低，种薯块伤口愈合慢，利于病菌由伤口侵入。从播种到开花，日均温低于 15℃持续时间长，发病早且重；此间气候温暖，雨水调和，病害明显减轻。地势低洼、施用未腐熟的有机肥、灌水不当及连作地发病重。

4. 防治方法

(1) 选用抗病品种： 发病区必须将抗黄萎病列为育种目标，选育抗病品种，国外已报道有阿尔费、迪辛里、斯巴恩特、贝雷克等品种较耐病。当前应利用自然发病的重病地建立病圃，对现有品种和引进品种进行抗病性鉴定，选定抗病或轻病品种。

(2) 重病田应停止播种马铃薯，与非茄科作物如禾谷类作物进行 3 年以上轮作。

(3) 加强田间管理：施用酵素菌沤制的堆肥或充分腐熟的有机肥，在晴天浇水，勿大水漫灌，浇水后及时中耕，防除田间杂草，农事操作减少伤根。零星发病田要尽早拔除病株，病穴用 2％甲醛液或 20％石灰水消毒。

(4) 药剂拌种：播种前种薯用 50％多菌灵可湿性粉剂 500 倍液或 70％甲基托布津可湿性粉剂 800 倍液浸种 1h，捞出晾干后播种。

(5) 土壤消毒：发病重的地区或田块，每亩用 50％多菌灵 2kg 进行土壤消毒。

(6) 药剂控制：发病初期喷 50％多菌灵可湿性粉剂 600～700 倍液或 50％苯菌灵可湿性粉剂 1 000 倍液，此外可浇灌 30％琥胶肥酸铜悬浮剂或 20％噻菌铜悬浮剂 350 倍液，每株灌兑好的药液 0.5L 或用 12.5％增效多菌灵浓可溶剂 200～300 倍液，每株浇灌 100mL。隔 10d 1 次，灌 1 次或 2 次。

（七）马铃薯干腐病

干腐病是一种发生非常普遍的块茎病害，田间染病，主要引起贮藏期块茎腐烂，其损失大小取决于马铃薯在田间的生长状况以及块茎的品质、运输和贮藏条件等。田间种薯萌芽出土期间，也可因种薯腐烂，造成缺苗断垄。二季作地区秋种马铃薯发生较重。

1. 识别特征

病斑多发生在薯块脐部或伤口处，在贮藏 1 个月后，块茎伤口染病处最初出现小的褐色、稍凹陷的病斑。侵染慢慢扩展，以后逐渐扩大、加深（见附图 46～附图 48）。病变部分薯皮干燥，折叠或发皱，当死亡的组织干枯时，有时有同心环纹，上面生有白色、灰白色、黄色或者粉红色的绒状颗粒或霉状物，即含有菌丝和孢子的孢子座，从死亡的皮层上突出。切开病薯，内部坏死的部分变褐，从淡黄褐色至暗栗褐色；色浅时，具有发展且模糊的边缘；较暗时，边缘明显。较老的组织呈现各种颜色，可见薯肉变褐色或黑色坏死，发硬，干缩，有的形成空洞或裂缝，内有灰白色的绵毛。整个病薯干腐，僵缩坚硬。在潮湿条件下，欧氏杆菌常常是通过镰刀菌病斑并使残余块茎迅速腐烂的继发侵染物；来自软腐的细菌菌脓则危害周围的块茎，当腐烂发展时，芽眼被破坏。

2. 病原菌

病原菌是镰刀菌属的多种真菌，在不同地区和不同条件下，占优势的真菌种类亦不同，据报道，有 10 个种和变种。块茎干腐病是马铃薯贮藏期常见病害，国外报道该病的病原有 *Fusarium sambucinum*，*F. coeruleum*，*F. avenaceum*，*F. sulphureum*，*F. tri-chothecioides*，*F. oxysporum*，*F. solani*，*F. solani* var. *oeruleum*，*F. culmorum* 等。我国报道该病的病原有 *F. coeruleum*，*F. solani*，*F. oxysporum*，*F. avenaceum*，*F. moniliforme*，*F. flocciferum*，*F. semitectum*，

F. tricinctum，*F. solan* var. *coeruleum*，*F. roseum*，*F. moniliforme* var. *zhe-jiangensis* 等。硫色镰刀菌（*F. sulphureum* Schlechlendahl）被何苏琴等（2004）作为马铃薯块茎干腐病的病原在我国首次报道。病部的霉状物为镰刀菌的菌丝体和分生孢子。这些镰刀菌通常在田间土壤中和薯窖内广泛存在。

3. 发病规律

该病害为土传病害，病原菌主要以菌丝体或分生孢子在病残组织或土壤中越冬。镰刀菌在土壤中能存活几年，带菌土壤可黏附在块茎上，病原菌通过机械伤口、虫伤口、其他病害的病灶、皮孔、芽眼等处侵入块茎使之发病。在运输贮藏过程中，块茎互相摩擦，会造成较多伤口，更有利于病菌扩散。贮藏初期发病较少，大约贮藏 1 个月后，块茎陆续发病，在块茎休眠后，体内可溶性糖增多时蔓延最快。适宜发病的温湿度范围较宽，适宜发生温度 15～20℃，5℃以下发展缓慢。高温、高湿最为有利。收获时气温低，湿度大，不利于伤口愈合，贮藏期发病重。一般而言，早熟品种最易染病，晚熟品种发病较轻。

4. 防治方法

（1）为了贮藏和留种，尽可能不从死亡的植株上收获块茎。可先杀秧后收获。

（2）在收获和贮藏期间，尽可能减少薯块的碰伤。

（3）在贮藏前进行晾晒；在贮藏早期，提供高的温度和好的通风条件，促进伤口愈合，并且在贮藏中保持良好的通气条件。

（4）在贮藏前，用 3%恶·甲水剂和 40%多·福·溴可湿性粉剂 250 倍液喷雾处理窖体，用其 500 倍液喷洒处理留种块茎。

（5）在种植或切芽块之前，把冷凉贮藏中的块茎，移到 20～25℃下处理 1 周。

（6）烟雾剂熏蒸。在贮藏期间，用百菌清等烟雾剂熏蒸贮藏窖。

（7）用杀菌剂 3%恶·甲水剂和 20%噻菌铜悬浮剂 300 倍液浸种处理芽块。

（八）马铃薯坏疽病

马铃薯坏疽病又称坏死病，在我国原属检疫对象。该病害 1940 年首次被描述；原来在欧洲和美洲一些国家发生。近年在我国也有发生。在病害流行的时候，窝孔干腐病可造成病株的瓦解，植株的大面积死亡，造成严重减产，产品质量下降。植株茎干被严重破坏，随着褐色污点的产生和生长发育，病原体会潜伏到种子里，随种子的散播而传播，所以传播范围广，危害大。2007 年作者在甘肃省农科院马铃薯研究所贮藏窖的 LK99 上首次发现该病害，2008 年定西市安定区窖藏期发生严重，该病害现已在甘肃、宁夏等地成为主要窖藏期病害之一，严重的可造成马铃薯烂窖率达 80%。

1. 症状识别

马铃薯染病后早期叶色变淡，顶端叶片稍反卷，后全株萎蔫变褐枯死。主要是地下根坏死，叶柄、茎干也会变黄枯死，且在根部、茎部有小的黑色病斑，自地面到薯块的皮层组织腐烂，易剥落，侧根局部变褐，须根坏死，病株易拔出。茎部染病生许多灰色小粒点，茎基部空腔内产生很多黑色粒状菌核。侵染的块茎引起淡褐色到灰色变色，占据块茎的大部分，或有大于6mm的圆形病斑。通常在块茎的伤口、芽眼或皮孔表面产生暗色的凹陷病斑，并扩大形成"指痕"状或"钮扣"状的，或更大的、形状不规则的、边缘明显的病斑，病斑表面常常与腐烂的深度没有关系。内部病组织界限清楚。病害引起的腐烂广泛扩展，呈暗褐色或浅紫色，具有各种形状不同的洞穴（见附图49～附图51）。在病斑上或在洞穴边缘可形成一些小菌核（分生孢子器），单生或丛生，用放大镜容易看到。

2. 病原菌

小茎点霉窝孔变种［*Phoma exigua* var. *foveata*（Foister）Boerema］是该病害的病原物，属真菌界子囊菌门炭疽菌属。据报道马铃薯坏疽病病原主要有两种，即小茎点霉窝孔变种和小茎点霉变种。小茎点霉窝孔变种和小茎点霉变种的形态非常相似，通常情况下利用显微镜难以区别，它们的主要鉴别特征是小茎点霉窝孔变种在培养基上能够产生色素，而小茎点霉变种不产生色素，作者利用这个特性将分离到的病原菌鉴定为小茎点霉窝孔变种。在寄主植物上形成球形或不规则黑色菌核，分生孢子盘黑褐色，聚生在菌核上，刚硬，顶端较尖，有隔膜1～3个，聚生在分生孢子盘中央，大小42～154（μm）×4～6（μm）。分生孢子梗圆筒形，有时稍弯或有分枝，偶生隔膜，无色或浅褐色，大小16～27（μm）×3～5（μm）。分生孢子圆柱形，单胞无色，内含物颗粒状，大小7～22（μm）×3.5～5（μm）。在培养基上生长适温为25～32℃，最高34℃，最低6～7℃。在2%麦芽洋菜培养基上，小茎点霉窝孔变种的菌落无环纹，而小茎点霉变种菌落有环纹，可借此进行鉴别。小茎点霉变种是弱寄生菌，在各地普遍存在，除危害马铃薯外还可以寄生其他植物；小茎点霉窝孔变种大多数在马铃薯上发生，偶尔也在马铃薯田地里的杂草上发现，它在马铃薯上比小茎点霉变种的致病性强。

3. 发病规律

带病种薯调运是该病害远距离传播的主要途径。病菌以菌核形式在马铃薯种薯、茎蔓、病叶、杂草和土壤中越冬。翌春产生分生孢子，借雨水飞溅传播蔓延。孢子萌发产出芽管，经伤口或直接侵入。生长后期，病斑上产生的粉红色黏稠物内含大量分生孢子，通过雨水溅射传到健薯上，进行再侵染。被侵染的种薯，在生长季节，产生有病的茎，在茎中保持潜伏状态。当病株茎自然衰老或通过化学脱水时，分生孢子器通常在茎节附近分散丛生，分生孢子随雨滴冲洗到土壤内，并传播到邻近的植株上。病株腐烂的块茎，通常在土壤里产生孢子器，这是收获时块茎感染的另一个重要来源。在收获前，当土壤湿度较高时，块茎侵染可以通过芽眼和增殖的皮孔发生。而大部分坏死组织是在块茎收获后通过伤口发展到块茎表面。伤口侵染可以发生在挖薯、分级或搬运的任何时期。侵染的病薯在 5℃ 左右发病最快。该病菌存活时间长，能够潜伏很长一段时间，大环境适宜的时候，病菌会以惊人的速度大量繁殖，尤其在植物的茎部更加明显，但是该病菌有一种非常令人奇怪的特点，在严格控制下试验，土壤中不存在其他病原菌时，病菌能大量繁殖，如果再加上土质松散，低氮，有积水，则更严重，所以，在消毒灭菌的土壤上种植，植株发病的概率高，相反有其他病原菌存在的土壤，植株反而不易得病。马铃薯坏疽病菌以菌核形式在块茎表面或在田间的病残体上越冬。虽然不是土壤习居菌，但病原菌明显在此存活较长时期。在春天，在病残体上或块茎上的菌核发育成分生孢子盘，然后产生分生孢子。侵染植物地下部分可能持续整个季节，尤其当植物在逆境环境条件下。不良灌排水和低肥条件增加了发病率。

4. 防治方法

（1）选种留种，捡除病薯：避免种植高度感病的品种，避免损害块茎的表皮及暴露在低温下，特别是损伤以后。

（2）及时清除病残体：可把易感染的种类区分开来，且在田间种植时，采用多样性种植，间隔种植，这样可减少坏疽菌的大面积侵染及二次侵染。对易受炭疽菌侵染的种类，种植前用适量的农药浸泡消毒种薯或使用种衣剂，杀灭潜伏在种子内的病原体，可有效防止再次侵染，这种方法经济实用。

（3）焚烧秧蔓和收获块茎应及时进行，使块茎在 18～20℃ 下控制 1 周，以促进伤口愈合。用 40% 多·福·溴可湿性粉剂 100 倍液进行窖体处理也能起到较好的防控作用，或用 40% 多·福·溴可湿性粉剂 500 倍喷雾，以消毒块茎。

（4）种薯处理：用 7.25% 咯菌腈悬浮种衣剂 1kg 兑水 3～5kg 处理种薯 2t。

（5）发病初期开始喷洒 32.5% 苯甲·嘧菌酯悬浮剂 1 500 倍液、70% 代森锰锌可湿性粉剂 500 倍液、50% 多菌灵可湿性粉剂 800 倍液、40% 多·福·溴可湿性粉剂 600 倍液、70% 甲基硫菌灵可湿性粉剂 1 000 倍液加 75% 百菌清可湿性粉剂 1 000 倍液，防效优于单用上述杀菌剂，每隔 7～10d 防治 1 次，连防 3 次。结合防治马铃薯早晚疫病用药则效果更好。

（九）马铃薯炭疽病

马铃薯炭疽病于 2011 年在甘肃省首次报道，随后在全省范围快速蔓延。

随着炭疽病发生的范围越来越广，病害的防治趋于困难，成为当前甘肃省马铃薯最常见的病害之一。该病的主要性状表现为早期马铃薯叶色变淡，顶端叶片稍反卷，后期严重可使全株萎蔫变褐造成马铃薯田间早死，马铃薯成熟后块茎表面出现斑点，影响品质，从而引起贮藏期烂窖。当该病发生时，轻则造成马铃薯严重减产，重则造成马铃薯绝收。该病的发生严重制约了我国马铃薯产业的发展。炭疽病一旦发生，便会伴随马铃薯整个生育期，造成产量下降，从而导致经济效益减少，而且该病也发生在贮藏期，导致马铃薯外观品质遭到破坏，品质降低。

1. 症状识别

主要为害叶片、地下茎和块茎。感病叶片早期叶色变淡，顶端叶片稍翻卷，在叶片上形成圆形至不规则形坏死斑点，赤褐色至褐色，后期变为灰褐色，边缘明显，病斑相互融合成不规则的坏死大斑，至全株萎蔫枯死。植株下部茎秆感病，其上形成梭形或不规则白色病斑，病部边缘明显，后期在病部表面产生许多小黑点，即分生孢子盘和分生孢子。"黑色斑点"病（Black Dot）这个名称准确描述了发病马铃薯块茎、茎部、根部、匍匐根等以及地下部分出现大量黑色的斑点状小菌核，块茎变色，呈褐色或灰色，或形成直径 6.35mm 的大圆斑（见附图 52～附图 54）。匍匐枝感病后也会变色。放大镜下小的、褐色的、针状的斑点在马铃薯块茎表面或匍匐枝上清晰可见。叶柄、小叶和茎上也形成褐色斑点，黑色斑点还出现在植株衰老部分、死的部分、腐烂根部和茎部、匍匐枝以及子块茎上，与银屑病（Helmintho - sporium solani）症状类似，不同的是该病的变色斑边缘非常不清晰，而银屑病的变色斑边缘清晰，因此该病早期一直被误认为是银屑病，这曾限制了该病的研究。

2. 病原菌

马铃薯炭疽病病原为 *Colletotrichum coccodes*，属无性菌类炭疽菌属茄基腐刺盘孢菌，该菌是一种土壤、种子和空气中普遍存在的病原菌，可以侵染包括葫芦科、茄科等 13 个科内除马铃薯外的其他 35 种寄主，尤其喜欢侵染茄科作物，如马铃薯、西红柿和胡椒等。该病原菌分生孢子萌发所需的最佳温度为22℃，7℃时分生孢子不萌发，菌丝生长的最快温度在 25～31℃ 之间，最佳温度是 28℃。该病菌能以小菌核的形式在块茎表面和内部长期存活，还可存活于其他营养体上，在轻沙质土、低氮、干旱以及高温条件下容易发病。病菌以小菌核的形式在块茎、作物的碎屑或土壤中存活很长一段时间，53％的小菌核埋藏在松软的土层 2.5cm 下，在潮湿条件下可以存活 83 周。

3. 发病规律

该病菌的侵染循环比较直接，主要以小菌核的形式在马铃薯块茎的表面或其植株的残体上越冬，尽管不是一种很活跃的土壤习居菌，但能够在土壤中存活很长时间。春天，马铃薯块茎或植株残体上的小菌核进一步发育成分生孢子层，分生孢子层产生典型的黑色、针形的刺或刚毛，并释放分生孢子，分生孢子可以造成新一轮的侵染。一般来说完整无缺的组织不会被侵染，而受损的组织上可以生长。地下侵染可以持续整个季节，尤其当植物遭受环境压力时，不良土壤灌溉以及低肥都可增加该病的发病率。块茎作为引发该病的潜在因素很早就得到了证实，当受侵染的块茎种植在田间后，植株表现为生长缓慢，茎部、子块茎都显示病症。土壤一旦被病原菌侵入就成为一种有效的接种体，健康的块茎种植在人工接种该病菌后的土壤中，子块茎的发病率远远高于未接种的土壤，接种后的土壤传播该病的概率是接种种薯的 2 倍。Cullen 等（2002）用 PCR 技术分别从英国的 3 个地区的 5 年、8 年、13 年未种植过马铃薯的土壤中检测到了该病菌的存在，证实了土壤是该病菌一种主要的侵染来源。

半干旱气候，生长季节频繁的暴风雨也成为散布该病原菌的潜在途径，也有其他研究显示该病菌也可作为一种空气传播病原菌，其他的潜在传播途径还有作物的碎屑、选择性寄主等。马铃薯的整个地下部分都易感染该病菌，当感病的种薯种植在暖室后，根部、茎部以及匍匐枝出现病症的时间分别是 2 周、8 周，由此也推断根部为最早的侵染点。

4. 防治方法

（1）加强检疫，严禁从疫区调运种薯和种苗：选用健康的种薯，受病害侵染的种薯最多不能超过 15%，多方实验都证实种薯为该病重要的传播途径。

（2）该病菌在田间土壤中可以自由存活长达 13 年，因此需要较长的轮作时间以减少接种压力，避免与西红柿、胡椒、茄子等茄科作物轮作，最好与其他科作物尤其是谷物类作物实施轮作（最少 5 年）。

（3）重视栽培防病：保持土壤肥沃、湿润但勿浇水太多，避免低氮或化学剂的损伤。马铃薯在播种前，首先将土壤进行脱碱化。该病菌可以在残体上越冬，因此耕种前需清理掉田间的植株残体。土壤深耕，以便将受侵染的植株残体翻盖住并促进它的分解。收获期间尽量避免块茎擦伤或挤伤，皮较薄的品种和后熟的品种易受该病菌的侵染。收获前避免高温，高温会使作物发病加快，并加速减产。土壤播种前实施溴甲烷熏蒸。操作场所或贮存场所尽量使用光滑的水泥地面以保持清洁，将土壤或垃圾等及时从货棚、地面或机器等清除并尽量使用干净的袋子或货柜。贮藏前的 2 周，将马铃薯进行适当干燥，尤其当马铃薯收获季节环境湿度较大时，能够较有效控制病害的发生。

（4）种薯处理：可选用 40%多·福·溴可湿性粉剂或 70%甲基硫菌灵 600 倍液浸种 10min。

（5）药剂防治：发病初期开始喷施 40%多·福·溴可湿性粉剂 600 倍液、10%苯醚甲环唑微乳剂 1 500 倍液、25%嘧菌酯悬浮剂 1 500 倍液、2%春雷霉素水剂 800 倍液或 70％甲基硫菌灵可湿性粉剂 1 000 倍液。以上药剂交替使用，7～10d 防治 1 次，连防 3 次。

二、细菌性病害

（一）马铃薯环腐病

环腐病是一种维管束病害，在马铃薯生长期和贮藏期都能发生。播种后发病造成种薯和芽苗腐烂，使田间缺苗断垄。成株期发病使病株萎蔫死亡或矮小黄化，产量大减。在贮藏期块茎继续腐烂，严重时甚至造成烂窖。该病在国外分布比较普遍，在比较冷凉的地方猖獗流行。甘肃省各地都有发生，局部地区发生严重。

1. 识别特征

本病属细菌性维管束病害。植株开花后症状逐渐明显，病株的顶端复叶先出现缺水状的萎蔫，叶色变褐，向内卷而下垂，渐渐向下部叶片蔓延，最后全株倒伏而枯死。通常，只有被害穴中的一个或两个茎出现症状。两个重要的识别特征是茎和叶的萎蔫，从块茎和茎基部横断面的维管束环里，能挤出白色的菌脓。品种的抗病性不同，有时表现的症状也不一致，也有出现矮化丛生类型的症状。地上部染病分枯斑和萎蔫两种类型。枯斑型多在植株基部复叶的顶上先发病，叶尖和叶缘及叶脉呈绿色，叶肉为黄绿色或灰绿色，具明显斑驳，且叶尖干枯或向内纵卷，病情向上扩展，致全株枯死；萎蔫型初期则从顶端复叶开始萎蔫，叶缘稍内卷，似缺水状，病情向下扩展，全株叶片开始褪绿，内卷下垂，终致植株倒伏枯死。

受害块茎皮色变暗，芽眼发黑，切开后可见维管束呈黄色至黄褐色，连成一圈，重病的可使皮层与髓部脱离，新鲜病薯的切口处可从维管束中挤出乳白色或黄色奶油状、乳酪带状无味的细菌菌脓。这是由被害块茎末端横断面维管束环的内部瓦解所致，故称环腐。第二次的侵入物（通常是软腐细菌），在前面病害的基础上，引起进一步的组织瓦解，掩盖了环腐症状（见附图 55、附图 56）。由于这种瓦解形成的压力，能引起外表的肿胀，凸凹不平的裂缝和呈现红褐色，特别是在芽眼附近。虽然收获时典型的块茎症状常常在严重侵染的田间出现，可是一些侵染的块茎，在冷藏条件下几周内可以不表现症状。有时候典型的内部症状在块茎的茎端可能不出现，但在顶端或发病的末端附近能够发现。经贮藏，块茎芽眼变黑干枯或外表爆裂，播种后不出芽或出芽后枯死或形成病株。

2. 病原物

病原物为密执安棒杆菌马铃薯环腐致病变种或称环腐棒杆菌〔*Clavibacter*

michiganense subsp. *sepedonicum* (Spieckermann & Kotthoff) Davis.]，属细菌。菌体短杆状，无鞭毛，单生或偶尔成双，不形成荚膜及芽孢，好气性。在培养基上菌落白色，薄而透明，有光泽，革兰氏染色阳性。在所有培养基上生长都很缓慢，在葡萄糖洋菜培养基上培养 5d 后，菌体很少超过 1mm。此菌生长适温为 20～23℃，最高 31～33℃，最低 1～2℃。致死温度为干燥情况下 50℃经 10min。最适 pH6.8～8.4。茄属 28 个种和番茄属 2 个种植物已被证实是该病原菌产生症状的寄主，但只有马铃薯在自然条件下被侵染。已培育出抗病品种，但免疫的品种还没有。抗病品种仍然可能成为带菌种薯。

3. 发病规律

该病原菌主要在被侵染的块茎里越冬，成为翌年初侵染源。病菌在土壤中存活时间很短，但在土壤中残留的病薯或病残体内可存活很长时间，甚至可以越冬，但在第二年或下一季扩大其再侵染方面作用不大，收获期是本病的重要传播时期，病薯和健薯可以接触传播，在收获、运输和入窖过程中有很多传染机会。病薯播下后，一部分芽眼腐烂不发芽，一部分出土的病芽，病菌沿维管束上升至茎中部或沿茎进入新结薯块而致病。在春季，当被侵染的种薯在种植前变暖时，便能提高细菌的活动能力，这对病原物传播相当有利。影响环腐病流行的主要因素是温度，土温 18～22℃时，病害发展最迅速；温度过高能降低侵染，超过 31℃病害发展受到抑制，低于 16℃症状推迟出现。一般情况是温暖、干燥天气有利于症状的发展。播期、收获期也对该病害有影响，一般播种早发病重，收获早则病薯率低，病害的轻重还取决于生长期的长短，春播发病重，夏播和二季作发病轻。传播途径主要是在切薯块时，病菌通过切刀带菌传染。某些刺吸式口器昆虫能把病害由病株传播到健株上造成田间再次侵染。

4. 防治方法

（1）实行检疫： 严禁无病区从病区调种，以免扩大蔓延。

（2）种植抗病品种： 经鉴定表现抗病的品系有：东农 303、郑薯 4 号、宁紫 7 号、庐山白皮、乌盟 601、克新 1 号、丰定 22、铁筒 1 号、阿奎拉、长薯 4 号、高原 3 号、同薯 8 号、庄薯 3 号、陇薯 7 号、天薯 11 号等。

（3）选留无病种薯： 建立无病留种田，采用整薯播种，生育期随时拔除病株，保证收获无病种薯。留种田先收，在收、选、晾和入窖过程中，严格进行挑选、剔除病薯，去杂去劣。播前汰除病薯。把种薯先放在室内堆放 5～6d，进行晾种，不断剔除烂薯，可使田间环腐病大为减少。有条件的最好与选育新品种结合起来，利用杂交实生苗，繁育无病种薯。结合中耕培土，及时拔除病株，携出田外集中处理。

（4）播种前种薯处理： ①种薯出窖后进行晾种或催芽，剔除病薯，选用健薯。②进行整薯播种，如需切块，切刀必须进行严格消毒，可用 0.1% 高锰酸钾液等浸渍，做到切一次消毒一次。③药剂处理种薯，用 30％琥胶肥酸铜或20％噻菌铜（龙克菌）悬浮剂 500 倍液浸泡种薯 30min，然后晾干播种。亦可选用种薯重量 0.1％～0.2％的敌克松加草木灰拌种，均有良好的防效。

（二）马铃薯黑胫病

黑胫病又叫黑脚病、黑腿子病，在春季多雨年份发病严重，可造成缺苗、死棵、烂薯和烂窖。黑胫病是马铃薯上普遍发生的病害，在马铃薯种植区都能发现。该病菌寄主范围极广，除危害马铃薯外，还可以侵染茄科、葫芦科、豆科、藜科等 100 多种植物。

1. 识别症状

本病发生在植株生长发育的任何阶段，从苗期到生育后期均可发病，主要为害茎基部和块茎。侵染植株的茎呈现一种典型的墨黑色茎基部腐烂，成为"黑胫"或"黑腿子"。茎基部症状是病变部分由种薯经地下茎往地上蔓延而产生的，地下茎和匍匐茎也变黑腐烂，病株易于由土中拔出。它经常在腐烂的种薯部分开始，可以向茎上方扩展几厘米，或扩展至全茎。变黑上方的茎髓常腐烂，茎里的维管束组织变色。受害植株生长受阻。种薯染病腐烂成黏团状，不发芽，或刚发芽即烂在土中，不能出苗。幼苗染病后一般株高达 15～18cm 时出现症状，植株矮化、僵直，节间短缩，叶片褪绿变黄，小叶边缘向上卷曲。常见叶柄贴近茎部，其间夹角变小，略呈束顶状。茎基部易生气生块茎。潮湿时茎基部腐烂加剧，整株萎蔫，倒伏，死亡。横切茎可见三条主要维管束变为褐色。田间块茎发病始于脐部，纵切薯块，病部黑褐色，呈放射状向髓部扩展（见附图 57～附图 59）；横切薯块可见维管束呈黄褐色，用手挤压病部，薯皮和薯肉不分离。湿度大时，薯块呈黑褐色腐烂，散发恶臭味。发病轻的薯块，只在脐部呈现很小的黑斑，有时候看到薯块切面维管束呈黑色小点或断线状，轻病块茎有的当年不表现症状。

2. 病原物

病原菌 *Erwinia carotovora* subsp. *atroseptica* 为胡萝卜软腐欧文氏杆菌黑胫病亚种，菌体短杆状，单细胞，极少双连，周生鞭毛，无荚膜，无芽孢，革兰氏染色阴性，菌落微凸乳白色，边缘齐整圆形，半透明反光，质黏稠。该菌除侵染马铃薯外，还侵染其他茄科蔬菜、甜菜、向日葵等。生长温度 10～38℃，最适为 25～27℃，高于 45℃即失去活力。

3. 发病规律

黑胫病的初侵染源为种薯带菌，土壤一般不带菌；病菌在未完全腐烂的薯块上越冬，通过切薯块扩大传染，引起更多种薯发病，再经维管束或髓部进入植株，引起地上部发病。田间病菌还可通过灌溉水、雨水或昆虫传播，经伤口侵入致病，后期病株上的病菌又从地上茎通过匍匐茎传到新长出的块茎上。贮藏期病菌通过病健薯接触经伤口或皮孔侵入使健薯染病。窖内通风不好或湿度大、温度高，利于病情扩展。带菌率高或多雨、低洼地块发病重。温湿度是病害流行的主要因素。温暖潮湿时病害蔓延迅速，田间湿度大烂薯严重。在高寒阴湿区马铃薯播种出苗后，随着地温升高，有利于黑胫病发生。甘肃省河西灌区马铃薯种植后出苗前浇水易造成该病害发生，地膜马铃薯膜下滴灌也容易造成病害迅速发展。

4. 防治方法

(1) 选用抗病品种： 如抗疫1号、胜利1号、反帝2号、渭会2号、渭会4号、渭薯2号、庄薯3号、陇薯7号和天薯11号等。

(2) 选用无病种薯，严格挑拣，淘汰病薯，建立无病留种田。

(3) 切块消毒： 切刀必须进行严格消毒，可用0.1%高锰酸钾液等浸渍，做到切一次消毒一次。用草木灰拌种后立即播种。

(4) 加强栽培管理： 适时早播，促使早出苗。

(5) 发现病株及时挖除，特别是留种田更要细心挖除，减少菌源。

(6) 小整薯播种： 为了避免切刀传染，采用小整薯播种可减轻病害发生。

(7) 种薯入窖前要严格挑选，入窖后加强管理，窖温控制在1～4℃，防止窖温过高，湿度过大。

(8) 药剂防治： 发病初期可用100mg/kg农用链霉素喷雾，也可选用40%可杀得600～800倍液防治，或用20%喹菌酮可湿性粉剂1 000～1 500倍液喷洒，或30%琥胶肥酸铜悬浮剂500倍液喷洒，或20%噻菌铜悬浮剂600倍液喷洒，也可用30%琥胶肥酸铜悬浮剂或波尔多液灌根处理。

（三）马铃薯软腐病

软腐病是马铃薯贮藏期的一种主要病害。该病主要危害茎和块茎，在贮藏期间或田间起薯前，块茎受软腐病侵染，常与干腐病复合发生，造成严重损失。种薯种植后腐烂，造成缺苗断垄。

1. 症状识别

主要为害叶、茎及块茎。叶染病近地面，病部呈不规则暗褐色病斑，湿度大时腐烂。块茎染病多由皮层伤口引起，初呈水浸状，后薯块组织崩解，发出恶臭（见附图60、附图61）。田间块茎多由脐端开始发病，贮藏中块茎多由伤口、皮孔处发病。初生圆形、近圆形的褐色水浸状小病斑，表皮下软腐。高湿时病斑迅速向四周和深处扩展，形成暗褐色的大片湿腐，薯肉腐烂崩溃，表皮皱缩破裂，腐烂组织在腐烂早期通常是无味的；但由于第二次生物侵入病组织，就产生一种臭气、多泡状黏液或黏稠物质。软腐的组织是湿的，奶油至棕褐色，具有一些软的、颗粒状物。在干燥条件下，病斑扩展缓慢，成为一个充满一团坚硬、黑色和坏死组织的凹陷干疤。

软腐病菌也侵染叶片、叶柄和茎部。植株下部接近地表的老叶先发病，生成暗绿色或褐色水浸状病斑，无明显边缘，高湿时迅速腐烂。叶柄和茎上多由伤口开始形成褐色条斑，在有病茎上端枝叶萎蔫，叶变黄。严重时病茎内部腐烂（维管束正常），形成空洞，有臭味。

2. 病原菌

病原菌有胡萝卜软腐欧文氏菌胡萝卜软腐致病变种［*Erwinia carovora* subsp. *carotovora*（Jones）Bergey et al.］（简称 Ecc）和胡萝卜软腐欧文氏菌马铃薯黑胫亚种［*E. caritivira* subsp. *atroseptica*（Van Hall）Dye］（简称 Eca）及菊欧氏菌［*E. chrysanthemi* Burkh Burkholder，McFadden et Dimock］（简称 Echr3）。菌体直杆状，大小 1～3（μm）×0.5～1（μm），单生，有时对生，革兰氏染色阴性，靠周生鞭毛运动，兼厌气性。本病病原主要为胡萝卜欧氏杆菌的胡萝卜亚种。该菌寄主范围很广，侵染多种蔬菜、水果、花卉等，引起软腐病。病原菌发育适温 25～30℃，最高 40℃。在 50℃下经过 10min，病原菌死亡。3 种细菌具有不同的地理分布，多数以 Ecc 为主。中国除 Ecc 为优势种外，南方温暖地区还有较高比例的 Echr3，北方冷凉地区及高寒山区有少量 Eca。

3. 发病规律

病原菌在病残体上或土壤中越冬。带菌种薯和遗留田间的病残体是重要侵染源，土壤、农家肥也带有大量病菌。在田间，病原菌还可随雨水、灌溉水、昆虫等传播。病原菌经由伤口（机械伤口，虫伤口，其他病害的病灶等）和皮孔侵入。

高温、高湿的条件适于发病，水淹地块受害最重。贮藏期温度高，水分多，空气缺氧，二氧化碳含量高，块茎伤口多又不易愈合时会大量发病。

马铃薯品种间对软腐病的抗病性有明显差异，有皮孔抗侵染和伤口抗侵染两种类型。高原 4 号兼具两类抗病性，紫花里外黄、长薯 4 号等只具有伤口抗病性，临薯 7 号只具有皮孔抗病性。庄薯 3 号、陇薯 7 号、天薯 11 号等品种表现一定的抗病性。

4. 防治方法

防治软腐病需在田间、入贮和贮藏期分别采取措施。

（1）选育和推广抗病种薯以及小整薯播种是最佳防治方法。

（2）加强田间管理，注意通风透光和降低田间湿度。及时拔除病株，并用石灰消毒，减少田间初侵染和再侵染源，减少块茎带菌。增施磷、钙肥，提高块茎抗病能力。

(3) 种薯处理： 用 30％琥胶肥酸铜悬浮剂 500 倍液或 20％噻菌铜悬浮剂 500 倍液浸泡种薯 2h，可以杀死块茎皮孔和表皮的潜伏病菌。

(4) 避免大水漫灌，降雨后及时排出田间积水。

(5) 发病初期喷洒 30％琥胶肥酸铜悬浮剂 500 倍液喷洒，或 20％噻菌铜悬浮剂 600 倍液，或 12％绿乳铜乳油 600 倍液、47％加瑞农可湿性粉剂 500 倍液、14％络氨铜水剂 300 倍液。

(6) 马铃薯收获前田间保持干燥，晴天收获，细心操作，尽量减少块茎碰伤。入贮前剔除伤、病薯。在运输和贮藏过程中，要注意避免碰伤块茎，并及时检查和汰除病薯。入贮后两周维持 13～15℃，促进伤口愈合，然后保持低温、干燥和通风。

（四）马铃薯疮痂病

马铃薯疮痂病是世界各马铃薯产区的重要病害之一。近年来该病害在我国发生逐渐加重，各马铃薯主产区都有发生。该病主要危害马铃薯块茎，感病薯块表面形成疮痂状病斑，影响马铃薯的外观和品质，降低薯块的商品价值。严重时可延迟马铃薯的出苗，在连作地、干旱的中性或偏碱地以及管理栽培不当的情况下发病程度更为严重。在脱毒微型薯生产中，重复使用蛭石为基质利于该病害发生，发病率可达 30％～60％，严重者可达 90％以上。

1. 症状识别

主要侵染块茎，先在马铃薯块茎表皮上产生浅褐色小点，逐渐扩大为近圆形至不定形木栓化褐色圆形或不规则形大斑块（见附图 62、附图 63）。因产生大量木栓化使病斑或斑块表面粗糙，后期中央稍凹陷或凸起的疮痂状硬斑块，病斑有扁平、凸起、深裂、网状四种类型，病斑仅限于皮部，不深入薯内，有别于粉痂病。

2. 病原菌

病原菌为放线菌属的疮痂链霉菌 ［*Streptomyces scabies*（Thaxter）Waks. et Henvici］。菌体丝状，有分枝，极细，具有螺旋状孢子链，连续分裂生成大量孢子。孢子圆筒形，大小 1.2～1.5（μm）×0.8～1.0（μm），无色，光滑，产生黑色素。在适宜土壤中可永久存活。

3. 发病规律

病菌在土壤中可存活多年，一般在土壤中腐生或在病薯上越冬。病土、带菌肥料和病薯是主要的侵染源。在薯块形成早期易感病，病菌通常经由土壤气孔从马铃薯表皮气孔、皮孔或伤口侵入。当块茎表面木栓化后，侵入则较困难。病薯长出的植株极易发病，健薯播入带菌土壤中也能发病。当侵入植株后，地上部分看不到症状。适合该病发生的温度为 25～30℃，中性或微碱性沙壤土发病重，pH 5.2 以下很少发病。品种间抗病性有差异，白色薄皮品种易感病，褐色厚皮品种较抗病。

4. 防治方法

（1） 严格检疫，选用无病种薯，一定不要从病区调种。

（2）选用抗病品种： 一般黄皮、褐色厚皮品种较抗病，白色薄皮品种易感病。

（3）播前进行种薯消毒： 用 40％福尔马林 120 倍液浸种，之后用塑料膜密闭 2h，晾干后再切种。

（4） 与葫芦科、豆科、百合科蔬菜进行 5 年以上轮作。

（5）加强田间管理： 选择保水好的菜地种植，结薯期遇干旱应及时浇水。多施腐熟充分的有机肥或绿肥，补充钙、锰等微肥，可抑制发病。避免施用碱性肥料如过量石灰，调控土壤酸碱度为 pH 5.0～5.2。

（6）药剂防治： 播种前可用五氯硝基苯、代森锰锌、甲醛等杀菌剂消毒，减少侵染菌源。在发病初期或开花期用 30％琥胶肥酸铜悬浮剂 500 倍液、77％氢氧化铜可湿性粉剂 600 倍液喷洒，或 20％噻菌铜悬浮剂 600 倍液，或72％农用链霉素可溶性粉剂 5 000 倍液。

（7）生物防治： 有报道一些生防制剂如枯草芽孢杆菌活菌制剂等可用于疮痂病的控制。

三、病毒性病害

马铃薯病毒病是制约马铃薯生产的重要因素。病毒侵染马铃薯植株后，逐渐向块茎中转移，并在块茎中潜伏和积累，通过无性繁殖世代积累，造成产量和品质严重下降。一般可导致 20％～30％减产，严重者减产 50％以上。马铃薯的"种性退化"是人类驯化和栽培马铃薯以来所遭遇的最大难题。所谓"种性退化"是指优良品种引入种植几年后，发生严重的退行性变化，植株越来越衰弱，产量越来越低，以致不能再使用。自 18 世纪以来，各国对此进行了大量研究，提出了多种学说。至 20 世纪 20 年代以后，方认定马铃薯"种性退化"并不是遗传性的变化，而是由病毒侵染导致的传染性病害。

马铃薯病毒种类很多，全世界有 30 余种病毒和 1 种类病毒，我国发生较普遍的有 7 种，主要有马铃薯卷叶病毒（PLRV）、马铃薯 Y 病毒（PVY）、马铃薯 X 病毒（PVX）、马铃薯 A 病毒（PVA）、马铃薯 S 病毒（PVS）、马铃薯 M 病毒（PVM）和马铃薯纺锤块茎类病毒（PSTVd）等。马铃薯品种种植年限越多，体内积累的病毒也越多，发病越来越重，结果造成了马铃薯退化。卷叶病毒引起的卷叶病遍布各马铃薯栽培地区，北方各地尤其严重。感病品种因病减产幅度一般为 30％～40％，严重的达 80％～90％。多种病毒单独或复合侵染引起各种花叶症状，国内分布普遍。由于高温可减低马铃薯的抗病性，花叶病在南方更为严重。重花叶减产 50％以上，轻花叶一般产量损失在 15％以下。两种以上病毒混合侵染危害加重，严重的病株表现皱缩花叶，矮化和提前枯死，减产50％～80％不等。马铃薯纺锤块茎病（纤块茎病）由类病毒引起，从 20 世纪 60 年代开始，国内才有发生。该病严重降低马铃薯的产量和品质。感染强毒株系，马铃薯减产 60％以上，感染弱毒株系也减产 20％～50％。在我国马铃薯一季作区的一些地区发生严重，已成为种薯生产和实生种子利用中亟待解决的问题。

（一）症状识别

马铃薯病毒病的种类繁多，不同病毒危害马铃薯后所产生的症状不同，主要可以分为以下 5 种类型。

1. 普通花叶型

一般植株发育较正常，叶片基本不变小平展，仅在中上部叶片表现轻微花叶或有斑点，叶片很少卷曲或不平，叶脉不坏死（见附图 64）。例如，PVX 引起轻微脉间花叶，PVA 引起轻度叶脉花叶。这种类型分布极广，但危害较轻。

2. 条斑花叶型

由 PVY 引起，在不同品种上症状有所不同，大多数品种表现重花叶，有小枯死斑点或叶脉坏死，病株叶片变小，叶脉、叶柄及茎上均有黑褐色坏死条斑，因而叶片呈现斑驳花叶或枯斑，后期植株下部叶片干枯，但不脱落，表现为垂叶坏死状（见附图 65、附图 66）。这种类型分布较广，危害较重。

3. 皱缩花叶型

由 PVX 和 PVY 复合侵染引起。当季被侵染而发病的植株，叶片出现斑驳、黄化或坏死，叶脉、叶柄和茎上产生褐色条形坏死斑，下部叶片多干枯下垂，不脱落。所结块茎小，畸形，表面粗糙。有些品种仅出现花叶，不发生坏死症状，但病株矮小，叶片丛生。由带毒种薯长出的病株矮小，叶片严重花叶和皱缩，坏死现象略轻。病株落蕾、不开花，严重时早期枯死。几种病毒复合侵染，例如 PVY 与 PVX，或与 PVA 复合侵染，PVX 与 PVA 复合侵染等都使病情加重，表现皱缩花叶，坏死和植株矮化，严重的提前枯死。单凭田间症状不能确定病毒种类。这种类型分布广泛，危害严重，可减产 60％～80％，是我国最重要的马铃薯病毒病。

4. 卷叶型

由 PLRV 引起，病薯长出的植株明显矮化，僵直，略成扫帚形，可早期枯死。下部叶片边缘以中脉为中心向上卷曲，呈匙状或筒状，发病严重时卷成圆筒状，叶片硬而脆，有的叶片背面呈红色或紫红色，叶柄与茎成锐角着生，上部叶片褪绿发黄（见附图 67、附图 68）。有些品种叶片边缘发红或严重坏死。所结块茎小而密且畸形，多簇生于主根附近，病块茎切面可见维管束有环状孔或局部锈斑（韧皮部坏死）。当年田间感染的植株症状较轻。上部叶片直立向上，轻微卷叶和褪绿，某些品种叶片边缘发红。生育后期被病毒侵染，不表现症状，但病毒进入块茎。在我国分布广泛，一般减产达 30%～40%，是我国马铃薯病毒病的主要类型之一。

5. 束顶型

病株矮化，叶片变小，常卷曲呈半闭合状，全株失去光泽的绿色，有的植株顶部叶片呈紫红色。病株叶柄与茎呈锐角着生，向上束起呈束顶状，叶片小而直立，叶缘波形或向上卷起，叶背略有紫红色，后期叶脉坏死。有的品种出现丛枝症状。薯块变长，两端尖，状如纺锤，有时有明显龟裂。芽眼多而平浅，但有时呈突起状。红皮、紫皮品种褪色，有网纹的品种网纹消失。

（二）病原

侵染植物的病毒是一类非常小的简单生物，单个病毒粒子有球形、杆状、线状、弹头状等多种形态，其外面包被蛋白质外壳，里面是核酸，可以在寄主植物细胞内大量复制，引起植物发病。类病毒则更为微小，没有蛋白质外壳，仅有核酸。卷叶病毒引起马铃薯卷叶病，其他几种病毒单独或复合侵染引起花叶病。单凭症状无法确定病毒种类。纺锤块茎类病毒侵染则可引起马铃薯纺锤块茎病，又名马铃薯纤块茎病。

1. PVX 病毒

马铃薯 X 病毒属的病毒，病毒粒子弯曲线状，长约为 515nm，直径为 13nm。致死温度 68～74℃，稀释限点 10^{-6}～10^{-5}，体外保毒期数周，寄主范围较窄，仅限于侵染茄科植物。PVX 在自然状态下通过机械接触传播，无已知介体。

2. PVA 和 PVY 病毒

马铃薯 Y 病毒属的病毒，PVA 病毒粒子弯曲线状，弯曲，长 730nm，直径 15nm。钝化温度 44～52℃，病汁液稀释限点 1：50，体外保毒期 12～18h。寄主范围窄，不能侵染番茄和烟草。PVY 病毒粒子弯曲线状，长 730nm，直径 11nm。致死温度 52～62℃，稀释限点 10^{-5}～10^{-4}，体外保毒期 2～3d。该病毒有普通株系、坏死株系和条斑株系 3 个株系，株系不同，症状也有差异。PVA 和 PVY 由蚜虫以非持久性方式传播，还可经机械接种传播。

3. PLRV 病毒

黄症病毒科马铃薯卷叶病毒属的病毒，病毒粒子为等轴对称二十四面体，无包膜，直径为 34nm。钝化温度 70～80℃，稀释限点 10^{-5}，体外保毒期在

2℃为 3～5d，25℃为 12～24h。对马铃薯的侵染局限于韧皮部。寄主范围狭窄，主要为茄科植物。病毒不能经机械接种传播，自然条件下由蚜虫以持久性方式传播，其中桃蚜是最重要的传播介体，蚜虫取毒饲育 2h，接毒饲育 15min 即可传染，但有数小时的潜伏期。病毒在虫体内可以繁殖，通过潜育期后，蚜虫可保持传染能力达 14d 以上，但病毒不经卵传染。

4. PVS 病毒

是麝香石竹隐潜病毒组成员，又称马铃薯隐潜花叶病毒或轻皱缩花叶病毒，病毒粒子线状，大小为 650nm×12nm，致死温度 55～60℃，稀释限点 10^{-3}，体外保毒期 2～3d。寄主范围窄，主要为茄科植物。通过汁液接触传播、嫁接传播或桃蚜、鼠李蚜等传播。

5. PVM 病毒

病毒粒子与马铃薯 S 病毒相似，致死温度 65～71℃，稀释限点和体外保毒期与马铃薯 S 病毒相似。寄主范围窄，主要为茄科植物。主要通过汁液接触传播，桃蚜能进行非持久性传播，此外鼠李蚜、马铃薯长管蚜也能传毒。

6. PSTVd 病毒

马铃薯纺锤块茎类病毒为一种游离的低相对分子质量核糖核酸，无蛋白外壳，耐热性强，失活温度高于 100℃，侵染能力强，仅存在于寄主植物细胞核中，能侵染 138 种植物，但仅少数茄科和菊科植物表现症状。

（三）发病条件

马铃薯病毒主要通过带毒种薯传到下一代植株。这就是说，田间初次发病的根源是种薯。种薯带毒率高低往往决定了田间发病的严重程度。此外，野生寄主或由遗留田间的病块茎所产生的自生薯苗，也是当季再侵染的毒源。

马铃薯病毒还可以靠带毒昆虫介体实现植株间的传播和田块间的传播。卷叶病毒在自然条件下主要由桃蚜传播，鼠李蚜、田旋花蚜和大戟长管蚜等蚜虫也能传播。这些蚜虫都进行持久性传播。所谓持久性传播是指蚜虫在植物上取食时，病毒粒子随同蚜虫的唾液吸入蚜虫体内，经过一段循回时间后，方回到口器中，再取食健康植株时，病毒随唾液进入植株体内，引起发病。从取食获毒到有效传毒所需时间较长。以此种方式传播的病毒，在蚜虫体内能够增殖，也不受蚜虫蜕皮的影响，传毒时间也相当长。马铃薯 Y 病毒、马铃薯 A 病毒、马铃薯 S 病毒的个别株系和马铃薯 M 病毒等则由桃蚜等蚜虫进行非持久性传毒。所谓非持久性传毒，是指蚜虫由病株获得的病毒粒子仅留在口针中，若无法立即随唾液注入健康植株，很快就会丧失传毒能力。马铃薯 X 病毒不能由昆虫介体传毒。

多种病毒还可以由病株汁液传毒，这是通过病株枝叶与健株相互接触和摩擦而实现的。当然，也可由已经接触并沾染了病毒的农具、衣物、动物皮毛、昆虫的咀嚼口器等传毒。马铃薯 X 病毒和马铃薯 S 病毒主要以这种方式进行田间再侵染。但是马铃薯卷叶病毒不能通过病株汁液摩擦传毒。

马铃薯纺锤块茎类病毒也是由病株汁液接触传染，包括由块茎切面相接处传毒，切刀传毒等。蚜虫、马铃薯甲虫和其他甲虫也能传毒，但此种昆虫传毒是偶然的和非专业化的，是通过带毒汁液污染的足和口器来传播的。后来还发现马铃薯花粉和实生种子也能传播类病毒。由病株采收的种子带毒率可达 6%～89%。

近年，棚室栽培的茄科蔬菜增多，其带毒病株也是春季感染马铃薯的毒源。

如果马铃薯田附近毒源较多，传毒蚜虫的寄主植物较丰富，天气条件又较好，阳光充足，温度较高，较干燥时，蚜虫迁飞和繁殖活跃，马铃薯病毒发病重。反之，毒源较少或蚜虫寄主植物较少，天气又冷凉阴湿时发病就轻。

（四）防治方法

马铃薯病毒病的防治应以使用无毒种薯为主，辅以抗病品种、治虫防病和改善栽培管理措施等综合防控策略。

1. 使用抗病品种

种植抗病品种是最经济有效的防治方法。由于抗病育种事业的进步，现已有了一些抗病毒和耐病毒品种可供选用（见表 8-2）。

表 8-2　抗病毒和耐病毒的马铃薯品种

病毒名称	品种名称
马铃薯卷叶病毒	克新 1 号、克新 3 号、克新 5 号、克新 11 号、高原 3 号、高原 7 号、波友 1 号、波友 2 号、德友 4 号、黄扁头、呼自 77-106、6024-6060、费乌瑞它、春薯 2 号、阿姆塞尔、阿普它、红纹白、维拉、卡皮拉、卡它丁、米拉、北斗星、燕子、斯塔尔、安农 5 号、中薯 3 号、呼薯 1 号、冀张薯 3 号、陇薯 3 号、坝薯 10 号、宁薯 6 号、庄薯 3 号
马铃薯 Y 病毒	克新 1 号、克新 2 号、克新 3 号、克新 9 号、小叶子、丰收白、西薯 1 号、361、沙杂 15 号、郑薯 2 号、呼薯 1 号、呼薯 4 号、内薯 2 号、泰山 1 号、波友 1 号、德友 2 号、费乌瑞它、川芋早、陇薯 1 号、东农 304、中薯 3 号、宁薯 3 号、宁薯 6 号、庄薯 3 号
马铃薯 X 病毒	中薯 2 号、克新 2 号、克新 3 号、克新 9 号、川芋早、呼薯 4 号、陇薯 1 号、中薯 3 号、坝薯 10 号、超白、庄薯 3 号、天薯 10 号
马铃薯 A 病毒	费乌瑞它、阿普它、斯邦它、巫峡、卡它丁、白头翁、兰芽、西北果、燕子、早玫瑰、宁薯 3 号
马铃薯纺锤块茎类病毒	米拉、呼薯 4 号、自-278、68-红、郑薯 2 号、中心 24、克疫

抗病性是一个相对的概念。抗病品种发病比感病品种轻，但并非完全不发病。抗病品种之间发病程度也不相同，有的相对轻一些，有的重一些。另外，由于病毒株系不同，环境条件不同，品种的抗病性也会有所变化，这是需要注意的。

2. 生产无病毒种薯

利用马铃薯茎尖脱毒技术，脱去优良品种所携带的病毒，培育脱毒苗和微型薯，建立脱毒种薯繁育体系，不断供应各级无病毒种薯。马铃薯茎尖脱毒技术已在我国推广应用，取得了显著的防治效果和巨大的经济利益。在此，特别强调以下几点：第一，进行茎尖脱毒的品种要对推广地区的病害有较好的抗病性，起码不应严重感病。要特别注意对晚疫病、环腐病、青枯病等病害的抗病性。第二，要搞好病毒检测，确保茎尖培养材料和脱毒苗不带有病毒和类病毒。第三，在隔离设施或天然隔离条件好的地段生产各级无毒种薯，严防蚜虫传毒。第四，脱毒种薯用于生产后，要特别注意防治蚜虫，减少病毒再侵染，减缓体内病毒积累速度，延长使用寿命。

3. 采用避蚜留种技术

针对病毒的蚜传特点，因地制宜地采用适宜的防蚜、避蚜措施，可以有效地减轻病毒危害，生产出合格的种薯。

在北方一季作地区，把种薯田播种日期推迟 2 个月左右，大致在 6 月底至 7 月初播种，出苗后就躲过了当地蚜虫迁飞高峰期。8 月多雨，不利于少数在翅蚜迁飞和繁殖，病毒病轻。因夏播生长期短，可适当提高播种密度。有些地方还采用育苗移栽的办法，来延长生长期。夏播薯田要加强晚疫病的防治或采用抗晚疫病的品种。夏播留种对减轻卷叶病效果很好，但对皱缩花叶病较差。现多使用脱毒种薯，实行夏播留种。

4. 实生薯留种

马铃薯种子不带有病毒（但仍带有纺锤块茎类病毒），可以利用种子生产无病毒的实生薯，用作种薯。此法适用于西南山区和北方一季作地区，西南山区应用较多。

5. 搞好田间卫生

铲除杂草，消灭病毒和蚜虫的野生寄主。早期检查并拔除病株，减少田间毒源。

6. 治虫防病

马铃薯病毒病在自然条件下由蚜虫等进行传毒，生产上可采用吡虫啉拌种，或在蚜虫开始出现时，每隔 7～10d 喷施 1 次灭蚜药剂，如吡虫啉、啶虫脒、噻虫嗪等，每次以不同种类的农药交替喷施，同时每间隔 1 次加喷 6％氨基寡糖素·链蛋白（阿泰灵）可溶性粉剂 1 500 倍液，可达到有效控制病毒病的目的。其中 6％氨基寡糖素•链蛋白（阿泰灵）可溶性粉剂通过提升植物免疫功能对多种病害可起到防控的作用。

发病初期可喷洒 6％氨基寡糖素•链蛋白（阿泰灵）可溶性粉剂 1 500 倍液，或 40％克毒宝（吗啉胍•烯腺嘌呤）可溶性粉剂 600 倍液，或 0.5％菇类蛋白多糖水剂 300 倍液或 20％病毒 A 可湿性粉剂 500 倍液、5％菌毒清水剂 500 倍液、1.5％植病灵 K 号乳剂 1 000 倍液、15％病毒必克可湿性粉剂 500～700 倍液。

四、生理性病害

（一）马铃薯缺素症

1. 缺氮

开花前显症，植株矮小，生长弱，叶色淡绿，继而发黄，到生长后期，基部小叶的叶缘完全失去叶绿素而皱缩，有时呈火烧状，叶片脱落。

2. 缺磷

早期缺磷影响根系发育和幼苗生长；孕蕾至开花期缺磷，叶部皱缩，色呈深绿，严重时基部叶变为淡紫色，植株僵立，叶柄、小叶及叶缘朝上，不向水平展开，小叶面积缩小，色暗绿。缺磷过多时，植株生长大受影响，薯块内部易发生铁锈色痕迹。

3. 缺钾

植株缺钾的症状出现较迟，一般到块茎形成期才呈现出来。钾不足时叶片皱缩，叶片边缘和叶尖萎缩，甚至呈枯焦状，枯死组织棕色，叶脉间具青铜色斑点，茎上部节间缩短，茎叶过早干缩，严重降低产量。

4. 缺硼

生长点与顶芽尖端死亡，侧芽生长迅速，节间短，全株呈矮丛状，叶片增厚，边缘向上卷曲，根短且粗，褐色，根尖易死亡，块茎小，表面上常现裂痕。

5. 缺铁

幼龄叶片轻微失绿，小叶的尖端边缘处长期保持其绿色，褪色的组织出现清晰的浅黄色至纯白色，褪绿的组织向上卷曲。

6. 缺锰

叶片脉间失绿，有的品种呈淡绿色。缺锰严重的叶脉间几乎变为白色，症状首先在新生的小叶上出现，后沿脉出现很多棕色的小斑点，后小斑点从叶面枯死脱落，致叶面残缺不全。

7. 缺镁

下部叶片色浅，褪绿始于最下部叶片的尖端或叶缘，并在叶脉间向小叶的中部扩展，后叶脉间布满褐色的坏死区域，叶簇增厚或叶脉间向外突出，缺镁叶片变脆。

8. 缺硫

症状来得缓慢，叶片、叶脉普遍黄化，与缺氮类似，但叶片不干枯，植株生长受抑，缺硫严重时，叶片上现斑点。

9. 缺钙

早期缺钙顶芽幼龄小叶叶缘出现淡绿色色带，后坏死致小叶皱缩或扭曲，严重时顶芽或腋芽死亡。块茎的髓中有坏死斑点。

（二）病因

1. 缺氮

多发生在有机质含量较低，酸度足以抑制硝化作用的沙质土上。

2. 缺磷

常出现在重质土壤上，是因固结作用使磷成为不可给的状态；轻质土壤上天然含磷量低，此外，前茬收获物消耗也可引起缺磷。

3. 缺钾

淋溶的轻沙质土、腐质土、泥炭土易缺钾，常不能满足马铃薯的生长需要。

4. 缺硼

土壤酸化、硼素被淋失或石灰施用过量，均会出现缺硼。

5. 缺铁

土壤中磷肥多或偏碱性，影响铁的吸收和运转，出现缺铁症状。

6. 缺锰

土壤黏重，通气不良的碱性土易缺锰。

7. 缺镁

多发生在具有较高酸度的土壤中或施用含有某些高浓度含氮营养物质的矿质肥料，可提高镁化合物的溶解度而造成缺镁。

8. 缺硫

长期或连续施用不含硫的肥料，易出现缺硫。

9. 缺钙

生长在几乎不含有钙化合物的轻沙质土壤上的马铃薯常比重质土壤上的较早出现缺钙症状。

（三）防治方法

1. 防止缺氮

提倡施用酵素菌沤制的堆肥或腐熟有机肥，采用配方施肥技术。生产上发现缺氮时马上埋施发酵好的人粪，也可将尿素或碳酸氢铵等混入 10～15 倍腐熟有机肥中，施于马铃薯两侧，后覆土、浇水。也可在栽后 15～20d 结合施苗肥，每亩施入硫酸铵 5kg 或人粪尿 750～1 000kg。栽后 40d 施长薯肥，每亩用硫酸铵 10kg 或人粪尿 1 000～1 500kg。

2. 防止缺磷

基肥按每亩过磷酸钙 15～25kg 混入有机肥中施于 10cm 以下耕作层中；开花期亩施过磷酸钙 15～20kg；也可叶面喷洒 0.2%～0.3%磷酸二氢钾或 0.5%～1%过磷酸钙水溶液。

3. 防止缺钾

基肥混入 200kg 草木灰。栽后 40d 施长薯肥时用草木灰 150～200kg 或硫酸钾 10kg 对水浇施。也可在收获前 40～50d，喷施 1%硫酸钾，隔 10～15d 一次，连用 2～3 次。也可喷洒 0.2%～0.3%磷酸二氢钾或 1%草木灰浸出液。

4. 防止缺硼

于苗期至始花期每亩穴施硼砂 0.25～0.75kg，也可在始花期喷施 0.1%硼砂液。

5. 防止缺铁

于始花期喷洒 0.5%～1%硫酸亚铁溶液 1 次或 2 次。

6. 防止缺锰

缺锰时，叶面喷洒 1%硫酸锰水溶液 1～2 次。

7. 防止缺镁

缺镁时，首先注意施足充分腐熟的有机肥，改良土壤理化性质，使土壤保持中性，必要时亦可施用石灰进行调节，避免土壤偏酸或偏碱。采用配方施肥技术，做到氮、磷、钾和微量元素配比合理，必要时测定土壤中镁的含量，当镁不足时，施用含镁的完全肥料，应急时，可在叶面喷洒 1%～2%硫酸镁水溶液，隔 2d 1 次，每周喷 3～4 次。

8. 防止缺硫

缺硫时，施用硫酸铵等含硫的肥料。

9. 防止缺钙

缺钙时，要据土壤诊断，施用适量石灰，应急时叶面喷洒 0.3%～0.5%氯化钙水溶液，每 3～4d 1 次，共 2～3 次。

综合防治缺素病，可在施用农家肥的基础上，科学施用氮、磷肥，结合施用矿质钾肥，在马铃薯生长季节喷施华硕营养液 1 000 倍液 2～3 次，可以解决微量元素缺乏的问题。

五、主要害虫

（一）马铃薯块茎蛾

马铃薯块茎蛾属鳞翅目，麦蛾科。别名马铃薯麦蛾、番茄潜叶蛾、烟潜叶蛾。分布在山西、甘肃、广东、广西、四川、云南、贵州等马铃薯和烟产区。

1. 寄主

马铃薯、茄子、番茄、青椒等茄科蔬菜及烟草等。

2. 为害特点

幼虫潜入叶内，沿叶脉蛀食叶肉，余留上下表皮，呈半透明状，严重时嫩茎、叶芽也被害枯死，幼苗可全株死亡。田间或贮藏期可钻蛀马铃薯块茎，呈蜂窝状甚至全部蛀空，外表皱缩，并引起腐烂。

3. 形态识别

成虫体长 5～6mm，翅展 13～15mm，灰褐色。前翅狭长，中央有 4～5 个褐斑，缘毛较长；后翅烟灰色，缘毛甚长。卵约 0.5mm，椭圆形，黄白色至黑褐色，带紫色光泽。末龄幼虫体长 11～15mm，灰白色，老熟时背面呈粉红色或棕黄色。蛹长 5～7mm，初期淡绿色，末期黑褐色。第 10 腹节腹面中央凹入，背面中央有一角刺，末端向上弯曲。茧灰白色，外面黏附泥土或黄色排泄物。

4. 发生规律

分布于我国西部及南方，以西南地区发生最重。在西南各省年发生 6～9 代，以幼虫或蛹在枯叶或贮藏的块茎内越冬。田间马铃薯以 5 月及 11 月受害较严重，室内贮存块茎在 7～9 月受害严重。成虫夜出，有趋光性。卵产于叶脉处和茎基部，薯块上卵多产在芽眼、破皮、裂缝等处。幼虫孵化后四处爬散，吐丝下垂，随风飘落在邻近植株叶片上潜入叶内为害，在块茎上则从芽眼蛀入。卵期 4～20d，幼虫期 7～11d，蛹期 6～20d。

5. 防治方法

（1）药剂处理种薯：对有虫的种薯，用溴甲烷或二硫化碳熏蒸，也可用90％晶体敌百虫或 15％阿维·毒乳油 1 000 倍液喷种薯，晾干后再贮存。

（2）及时培土：在田间勿让薯块露出表土，以免被成虫产卵。

（3）药剂防治：在成虫盛发期可喷洒 15％阿维·毒乳油 1 000～1 500 倍液等。

（二）马铃薯甲虫

马铃薯甲虫属鞘翅目叶甲科，是世界有名的毁灭性检疫害虫。原产于美国，后传入法国、荷兰、瑞士、德国、西班牙、葡萄牙、意大利及东欧、美洲一些国家，是我国外检对象，现在我国新疆局部地区发生。

1. 寄主

主要是茄科植物，大部分是茄属，其中栽培的马铃薯是最适寄主，此外还可为害番茄、茄子、辣椒、烟草等。

2. 为害特点

种群一旦失控，成、幼虫为害马铃薯叶片和嫩尖，可把马铃薯叶片吃光，尤其是马铃薯始花期至薯块形成期受害，对产量影响最大，严重的造成绝收。

3. 形态识别

雌成虫体长 9～11mm，椭圆形，背面隆起，雄虫小于雌虫，背面稍平，体黄色至橙黄色，头部、前胸、腹部具黑斑点，鞘翅上各有 5 条黑纹，头宽于长，具 3 个斑点。眼肾形黑色。触角细长 11 节，长达前胸后角，第 1 节粗且长，第 2 节较 3 节短，1～6 节为黄色，7～11 节黑色。前胸背板有斑点 10 多个，中间 2 个大，两侧各生大小不等的斑点 4～5 个，腹部每节有斑点 4 个。卵长约 2mm，椭圆形、黄色，多个排成块。幼虫体暗红色，腹部膨胀高隆，头两侧各具瘤状小眼 6 个和具 3 节的短触角 1 个，触角稍可伸缩（见附图 69～附图 72）。

4. 发生规律

美国年生 2 代，欧洲 1～3 代，以成虫在土深 7.6～12.7cm 处越冬，翌春土温达 15℃时，成虫出土活动，发育适温 25～33℃。在马铃薯田飞翔，经补充营养开始交尾并把卵块产在叶背，每卵块有 20～60 粒卵，产卵期 2 个月，每雌产卵 400 粒，卵期 5～7d，初孵幼虫取食叶片，幼虫期约 15～35d，4 龄幼虫食量占 77%，老熟后入土化蛹，蛹期 7～10d，羽化后出土继续为害，多雨年份发生轻。该虫适应能力强。

5. 防治方法

（1）加强检疫，严防人为传入，一旦传入要及早铲除。

（2）与非寄主作物轮作，种植早熟品种，对控制该虫密度具明显作用。

（3）生物防治，目前应用较多的是喷洒苏云金杆菌（*B. t. tenebrionia* 亚种）制剂 600 倍液。

（4）发生初期喷洒 20% 氰戊·马拉松乳油等杀虫剂 1 000 倍液，该虫对杀虫剂容易产生抗性，应注意轮换和交替使用。

（5）用真空吸虫器和丙烷火焰器等进行物理与机械防治，丙烷火焰器用来防治苗期越冬代成虫效果可达 80% 以上。

(三) 马铃薯二十八星瓢虫

马铃薯二十八星瓢虫又名二十八星瓢虫。属鞘翅目瓢虫科。分布北起黑龙江、内蒙古，南至福建、云南，长江以北较多，黄河以北尤多；东接国境线，西至陕西、甘肃；折入四川、云南、西藏。

1. 寄主

马铃薯、茄子、青椒、豆类、瓜类、玉米、白菜等。

2. 为害特点

成虫、若虫取食叶片、果实和嫩茎，被害叶片仅留叶脉及上表皮，形成许多不规则透明的凹纹，后变为褐色斑痕，过多会导致叶片枯萎；被害果实则被啃食成许多凹纹，逐渐变硬，并有苦味，失去商品价值。

3. 形态识别

成虫体长 7～8mm，半球形，赤褐色，密披黄褐色细毛。前胸背板前缘凹陷而前缘角突出，中央有一较大的剑状斑纹，两侧各有 2 个黑色小斑（有时合成一个）。两鞘翅上各有 14 个黑斑，鞘翅基部 3 个黑斑后方的 4 个黑斑不在一条直线上，两鞘翅合缝处有 1～2 对黑斑相连（见附图 73）。卵长 1.4mm，纵立，鲜黄色，有纵纹。幼虫体长约 9mm，淡黄褐色，长椭圆状，背面隆起，各节具黑色枝刺。蛹长约 6mm，椭圆形，淡黄色，背面有稀疏细毛及黑色斑纹。尾端包着末龄幼虫的蜕皮。

4. 发生规律

我国东部地区，甘肃、四川以东，长江流域以北均有发生。在华北 1 年 2 代，武汉 4 代，以成虫群集越冬。一般于 5 月开始活动，为害马铃薯或苗床中的茄子、番茄、青椒苗。6 月上中旬为产卵盛期，6 月下旬至 7 月上旬为第一代幼虫为害期，7 月中下旬为化蛹盛期，7 月底 8 月初为第一代成虫羽化盛期，8 月中旬为第二代幼虫为害盛期，8 月下旬开始化蛹，羽化的成虫自 9 月中旬开始寻求越冬场所，10 月上旬开始越冬。成虫以上午 10 时至下午 4 时最为活跃，午前多在叶背取食，下午 4 时后转向叶面取食。成虫、幼虫都有残食同种卵的习性。成虫假死性强，并可分泌黄色黏液。越冬成虫多产卵于马铃薯苗基部叶背，20～30 粒靠近在一起。越冬代每雌可产卵 400 粒左右，第一代每雌产卵 240 粒左右。卵期第一代约 6d，第二代约 5d。幼虫夜间孵化，共 4 龄，2 龄后分散为害。幼虫发育历期第一代约 23d，第二代约 15d。幼虫老熟后多在植株基部茎上或叶背化蛹，蛹期第一代约 5d，第二代约 7d。

5. 防治方法

(1) 人工捕捉成虫：利用成虫假死习性，用薄膜承接并叩打植株使之坠落，收集灭之。

（2）人工摘除卵块：此虫产卵集中成群，颜色鲜艳，极易发现，易于摘除。

（3）药剂防治：要抓住幼虫分散前的有利时机，可用 20％氰戊·马拉松（瓢甲敌）乳油 1 000 倍液、20％氰戊菊酯或 2.5％溴氰菊酯 3 000 倍液、50％辛硫磷乳剂 1 000 倍液。

（四）桃蚜

桃蚜又名烟蚜、菜蚜、桃赤蚜、波斯蚜，属同翅目，蚜科。桃蚜为多食性害虫，已知寄主达 352 种，主要为害马铃薯、蔬菜、烟草和核果类果树等，国内各省、自治区均有分布，甚至每一乡、村均有，东、南、西、北四向，均接近于边境线，局部地区密度颇高。国外分布于亚洲各国、世界各大洲，属全球性种类。桃蚜是马铃薯田最常见的蚜虫种类，成虫和幼虫群集在叶片和嫩茎上，吸食植物体内的汁液，使植株发育不良。更为重要的是蚜虫是传播马铃薯卷叶病毒、马铃薯 Y 病毒、马铃薯 A 病毒等多种重要病毒的媒介，也传播马铃薯纺锤块茎类病毒，造成更大的为害，尤其不利于种薯繁育。除桃蚜外，还有多种蚜虫寄居马铃薯田，可一并防治。

1. 形态识别

桃蚜的生活史很复杂，有多个虫态，最常见的是有翅胎生雌蚜和无翅胎生雌蚜。

（1）成虫：①有翅胎生雌蚜体长约 2mm，头黑色，额瘤显著，向内倾斜，复眼赤褐色。胸部黑色，腹部暗绿色，有黑色斑纹。腹管绿色，端部色深，长圆筒形，尾片圆锥形，近端部绕缩，侧面各有 3 根刚毛。②无翅胎生雌蚜体长约 2mm，全体绿色，或黄绿色，或桃红色。头部额瘤显著，向内倾斜。腹管和尾片同有翅胎生雌蚜。

（2）若蚜：若蚜近似无翅胎生雌蚜，体较小。

（3）卵：卵长椭圆形，长 1～1.2mm，初产时淡绿色，后变漆黑色，有光泽（见附图 74）。

2. 发生规律

桃蚜每年发生代数各地不同，在华北北部 1 年发生 10 余代，在南方发生 30～40 代不等，世代重叠严重。桃蚜有两种生殖方式：一种是两性生殖，另一种是孤雌胎生繁殖。每年秋天，在 10 月中下旬至 11 月上旬，发生产卵雌蚜和雄蚜，在桃树上交配，产卵越冬。翌年春天，越冬卵孵化出无翅雌蚜，它们不经交配就可生出雌性后代，这种繁殖方式称为"孤雌胎生"。孤雌胎生雌蚜通常无翅，有时则产生有翅胎生雌蚜，向其他寄主迁飞。除桃树外，桃蚜可以在毛樱桃、李、海棠果等植物上产卵和繁殖后代。

在北方地区，在桃树或其他作物上越冬后，春季产生的有翅蚜，自 4～5 月起陆续迁入马铃薯田，在马铃薯的整个生长季节都有桃蚜发生，以春末夏初有虫株率和虫口数最多。越往北，桃蚜迁移和发生越推迟。但是，各地的桃蚜并非都要经过上述有性生殖阶段。在我国南方，桃蚜终年可在不同种类的作物间辗转为害。在北方采区，冬季桃蚜在棚室蔬菜上胎生繁殖为害，成为翌年春季露地和棚室发生的虫源。桃蚜还以无翅胎生雌蚜在风障蔬菜、窖藏大白菜上越冬，也于翌年春季陆续向马铃薯田迁移。

桃蚜的发育起点温度为 4.3℃，最适合温度为 24℃，高于 28℃ 则不利。在适宜的温湿条件下，繁殖速度很快，虫口数量迅速增长，高温高湿不利于其发生，因而在多种植物上，都是春秋两季大发生，夏季受到抑制。微风有利于桃蚜的迁飞活动，暴风雨则有强烈的冲刷作用，可减少虫口数量。桃蚜在高燥地块比低洼地块发生重，施用氮肥多，叶片柔嫩时发生也重。桃蚜的主要天敌有瓢虫、草蛉、蚜茧蜂、食蚜蝇和蚜霉菌等，天敌多时能大大减少虫口数量。

3. 防治方法

防治桃蚜和寄居马铃薯田的其他蚜虫，除能减少其直接为害外，还是防治病毒病害的重要措施，意义重大。防治蚜虫可采取以下措施：

（1）栽培防治： 根据当地蚜虫发生情况，合理确定播种或收薯时间，避开蚜虫迁飞传毒高峰。与玉米、架菜豆等高产作物间作，能够减低蚜虫传毒概率。在蚜虫较少的高海拔冷凉地区繁育种薯，可以避开蚜害。

（2）药剂防治： 防治蚜虫的药剂很多，应首先选用对天敌安全的杀虫剂，以保护天敌。50%抗蚜威可湿性粉剂 2 000～3 000 倍液喷雾，效果好，不杀伤天敌。气温高于 20℃，抗蚜威熏蒸作用明显，杀虫效果更好。也可以选用 10%吡虫啉可湿性粉剂 2 000～3 000 倍液，或 3%啶虫脒乳油 1 000～1 500 倍液，或 4%阿维啶虫脒乳油 1 500 倍液等。此外，也可选用有机磷杀虫剂和菊酯类杀虫剂，例如 50%马拉硫磷乳油 1 000～1 500 倍液，或 2.5%天王星乳油 3 000 倍液，或 2.5%功夫乳油 3 000 倍液，或 20%灭扫利乳油 3 000 倍液，或 20%氰戊菊酯乳油 3 000 倍液，或 20%氰戊·马拉松（瓢甲敌）乳油 1 500 倍液。一般在出苗后 15～20d 或有蚜株率 5%时第一次喷药，以后每 7～10d 喷一次，共喷 2～3 次。要注意同一类药剂不要长期单一使用，以防止蚜虫产生抗药性。

（五）地下害虫

1. 蛴螬

蛴螬是金龟子（金龟甲）的幼虫，种类很多，常见的主要有东北大黑鳃金龟、暗黑鳃金龟、棕色鳃金龟、黑绒鳃金龟、云斑鳃金龟、毛黄鳃金龟、马铃薯鳃金龟、黄褐丽金龟、黑斑丽金龟、黑斑丽金龟、铜绿丽金龟等，幼虫称蛴螬。杂食性，取食多种植物的种子，咬断幼苗的根、茎，断面整齐平截，易于识别。蛴螬多造成缺苗、死苗。有些种类的成虫还食害植物叶片、嫩芽、花蕾等。马铃薯的根部被蛴螬咬食后成乱麻状。块茎被咬食，形成孔洞，幼嫩块茎则大部被吃掉（见附图 75）。

2. 东北大黑鳃金龟

（1）形态特征：①成虫：体长 16～21mm，宽 8～11mm，黑色或黑褐色，具光泽。②幼虫：三龄幼虫体长 35～45mm，头宽 4.9～5.3mm。头部黄褐色，胴部乳白色。头部前顶刚毛每侧 3 根，成一纵列。肛门孔呈三射裂缝状，肛腹片后部复毛区散生钩状刚毛。③卵：初产长椭圆形，白色稍带黄绿色光泽；发育后期呈圆球形。④蛹：为裸蛹，初期白色，渐转红褐色。

（2）生活习性：①成虫：成虫有假死性和趋光性，并对未腐熟的厩肥有强烈趋性，昼间藏在土壤中，晚 8～9 时为取食、交配活动盛期。产卵于松软湿润的土壤内，以水浇地最多。②幼虫。蛴螬始终在地下活动，与土壤温湿度关系密切，当 10cm 土温达 5℃ 时开始上升至表土层，13～18℃ 时活动最盛，23℃ 以上则往深土中移动。

（3）为害状：幼虫食害各种蔬菜苗根，引起幼苗致死，造成缺苗断垄。成虫仅食害树叶及部分作物叶片。

（4）发生规律：①世代：两年发生完成 1 代。②越冬：以幼虫或成虫在土壤中越冬。③时期：每年的 5～7 月，成虫大量出现。④环境：土壤湿润时，蛴螬的活动性强，尤其小雨连绵的天气为害较重。

（5）防治方法：①栽培防治：深耕翻地，通过机械杀伤、暴晒、鸟类啄食等消灭蛴螬。施用腐熟农家肥，最好在施药前，向粪肥均匀喷洒 2.5％敌百虫粉或 15％阿维毒乳油或 48％乐斯本乳油（粪与药的比例约 1 500：1）。②药剂防治：防治成虫需在盛发期用 20％氰戊·马拉松（瓢甲敌）乳油 1 500 倍液，或用 90％晶体敌百虫 1 000 倍液或 50％辛硫磷乳油 1 000 倍液喷雾。防治幼虫可用 15％阿维毒乳油或 48％乐斯本乳油 1 000 倍液，在播种前或栽植前，将药液喷于播种穴中或播种沟中。也可以拌成 1：100 药土撒施，但应注意毒土不能接触种子。药土还可以均匀撒施在地面，然后浅锄。

3. 蝼蛄

蝼蛄又叫地蝼蝼，属直翅目，蝼蛄科，是多种农林植物的重要害虫，最常见的种类有华北蝼蛄和非洲蝼蛄两种。

蝼蛄成虫和若虫均在土中活动，取食播下的种子、幼芽或将幼苗咬断，受害的根部呈乱麻状，蝼蛄的活动将土表土窜成许多隧道，使苗根脱离土壤失水而死，严重时造成缺苗断垄。

（1）形态识别：①非洲蝼蛄：成虫体长 30～35mm，灰褐色，全身密布细毛。头圆锥形，触角丝状，前胸背板卵圆形，中间具一明显的暗红色长心脏形凹陷斑。前翅灰褐色，仅达腹部中部。后翅扇形，超过腹部末端。腹末具尾须 1 对。前足为开掘足，后足胫节背面内侧有 4 个距。②华北蝼蛄。体型比非洲蝼蛄大，体长 36～55mm，黄褐色，前胸背板心形凹陷不明显，后足胫节背面内侧仅 1 个距或消失（见附图 76）。

（2）发生规律：①世代：在北方地区 2 年发生 1 代，在南方 1 年 1 代。②越冬：以成虫或若虫在地下越冬。③时期：4 月开始上升到地表活动，5 月上旬至 6 月中旬是蝼蛄最活跃的时期；6 月下旬至 8 月下旬，天气炎热，钻入地下活动；9 月气温下降后再次上升到地表，形成第 2 次为害高峰；10 月中旬以后钻入土中越冬。

（3）防治方法：①栽培防治：深耕翻地，机械杀伤土中的虫体，或将其翻到土面，经暴晒、冷冻和鸟兽啄食而死亡。平整土地，治理田边的沟坎荒坡，以清除蝼蛄产卵场所。马粪等农家肥需充分腐熟后才能施用，以防止招引蝼蛄产卵。春、秋季为害高峰期，适时灌水可迫使蝼蛄下迁，减轻受害。②诱杀防治：在成虫活动高峰期，设置黑光灯诱杀。还可利用该虫对马粪的趋性，用新鲜马粪放置在坑中或堆成小堆诱集，人工捕杀。也可在马粪中拌入 0.1% 的敌百虫或辛硫磷诱杀蝼蛄。③挖卵防治：夏季在蝼蛄产卵期，根据地表的虚土堆，查找土层中蝼蛄的虫窝和卵室，查到后先铲去表土，洞口暴露后，向下挖 10～18cm 即可找到卵，再向下挖 8cm 左右就可挖到雌成虫，一并消灭。④药剂防治：可用毒饵诱杀。毒饵是用炒香的谷子、麦麸、豆饼、米糠或玉米碎粒等作饵料，拌入饵料量 1‰ 的 48% 毒死蜱乳油或 90% 敌百虫结晶做成。操作时，先用适量水将药剂稀释，然后喷拌饵料。傍晚将毒饵撒入蝼蛄活动的田间地面。还可用 50% 辛硫磷乳剂 1 000 倍稀释液灌注蝼蛄隧洞的穴口。也可从穴口滴入数滴煤油，再向穴内灌水。

4. 金针虫

金针虫属鞘翅目，叩头虫科，又称叩头虫、叩头甲等，为害各类蔬菜播下的种子、幼苗。最常见的种类有沟金针虫和细胸金针虫，还有褐纹金针虫。成虫在发生时间段只取食植物嫩叶，为害不严重。幼虫长期生活在土壤中，为害马铃薯、蔬菜和其他作物，咬食根和茎，被害部位断面不整齐，毛刷状。受害苗生长不良或枯死。金针虫还可钻蛀马铃薯块茎，进入内部取食，表面有微小圆孔。受害块茎易被病菌感染而腐烂。

（1）形态识别：金针虫的成虫是细长的褐色甲虫，密被灰色细毛。幼虫似金针菜状。沟金针虫体略宽而扁平，金黄色，体背有一条细纵沟；细胸金针虫细长圆筒状，淡黄色，有光泽。老熟幼虫体长 20～30mm，细长筒形略扁，体壁坚硬而光滑，具黄色细毛，尤以两侧较密。体黄色，前头和口器暗褐色，头扁平，上唇呈三叉状突起，胸、腹部背面中央呈一条细纵沟。尾端分叉，并稍向上弯曲，各叉内侧有 1 个小齿。各体节宽大于长，从头部至第 9 腹节渐宽（见附图 77）。

（2）发生规律：金针虫需 2～5 年完成 1 代，以幼虫或成虫在土层 15～40cm 深处越冬，最深可达 1m 左右。沟金针虫一般 3 年完成 1 代，以成虫越冬时，翌年 3 月中旬到 4 月上旬为成虫出土活动高峰期，5 月上旬为卵孵化高峰期，当年幼虫为害到 6 月底越夏，9 月中旬又迁移到土壤表层为害，至 11 月下旬入土越冬。翌年 3 月上旬越冬幼虫至表土层活动为害，直到 6 月底越冬夏，秋季再为害一段时间，再以幼虫越冬。第三年 8 月下旬至 9 月中旬在土层内化蛹，9 月下旬羽化为成虫，直接在土层内越冬。

细胸金针虫多数 2～3 年 1 代。越冬成虫 3 月上旬开始出土活动，4 月下旬为高峰期，5 月中旬孵化出当年幼虫，在土中取食为害，6 月底开始越夏，到 9 月下旬又上升至表土层为害，直到 12 月进入越冬。翌年早春越冬幼虫开始上升到土表为害，4～6 月是为害盛期，6 月底开始化蛹，8 月为成虫羽化盛期，成虫直接在土室中潜伏越冬。

两种金针虫成虫有叩头习性，具假死性。沟金针虫雄成虫和细胸金针虫成虫有趋光性，都对腐烂的植物残体有趋性。金针虫喜潮湿，在水浇地、低洼过水地和土壤有机质较多的田块发生多，降水早而多的年份发生重，干旱少雨发生轻。

（3）防治方法：①栽培防治：深耕细耙，杀死越冬成、幼虫。与棉花、芝麻等金针虫不喜食的作物倒茬，恶化其食料条件。施用腐熟农家肥，适时灌水。②诱杀防治：设置黑光灯，在成虫出土期开灯诱杀。堆草诱杀金针虫，在田间堆 10～15cm 厚的小草堆，每亩 20～50 堆，在草堆下撒布 5% 一六零五（对硫磷）粉或 1.5% 乐果粉少许，每天早晨翻草捕杀。③药剂防治：防治成虫需在盛发期用 20% 氰戊·马拉松（瓢甲敌）乳油 1 500 倍液，或用 90% 晶体敌百虫 1 000 倍液或 50% 辛硫磷乳油 1 000 倍液喷雾。防治幼虫可用 15% 阿维毒乳油或 48% 乐斯本乳油 1 000 倍液，在播种前或栽植前，将药液喷于播种穴中或播种沟中。也可以拌成 1∶100 药土撒施，但应注意毒土不能接触种子。药土还可以均匀撒施在地面，然后浅锄。

5. 小地老虎

小地老虎属鳞翅目夜蛾科，是世界性大害虫，国内分布广泛，食性很杂，春天为害多种农林植物幼苗，严重时使田间缺苗断垄，马铃薯实生苗受害较重。

（1）形态识别：小地老虎成虫是暗褐色的蛾子，体长 16～23mm，翅展 42～54mm。前翅黑褐色，从基部到外缘有 6 条横线，环状斑、楔状斑、肾状斑各 1 个，在肾状斑外侧有 1 个尖端指向外方的剑形纹，其外方又有两个尖端向内的剑形纹。后翅灰白色。老熟幼虫体长 37～47mm，圆筒形，头黄褐色，体灰褐色，背部有暗色纵带，体表布满黑色小颗粒。腹部 1～8 节，各节背面有 2 对毛片，前面 1 对小而靠近，后面 1 对大而远离，四毛片排列成梯形。臀板黄褐色，有两条深色纵带。幼虫有 3 对胸足，5 对腹足（见附图 78）。

(2) 发生规律：小地老虎在我国 1 年发生 2～7 代，东北和长城以北地区 2～3 代，黄河以北 3～4 代，长江流域 4～5 代，长江以南 6～7 代。在南岭以南地区无越冬现象，可终年繁殖，北纬 33°以南至南岭一带有少量蛹和幼虫越冬，北纬 33°以北广大地区不能越冬。北方的虫源是每年由南方迁飞而来的。

小地老虎成虫黄昏后活动最盛，对黑光灯和糖醋液趋性很强。成虫将卵产在贴近地面的矮小杂草叶背和嫩茎上，也可产在表土上。幼虫共 6 龄。3 龄前在植物叶背和叶心处昼夜取食。3 龄后白天潜伏在植株周围 2～3cm 深的表土中，夜间出来活动和为害，咬断幼苗茎基部，将咬下的部分拖入土中取食。有假死习性，受惊后可收缩成环形。老熟后在寄主田中就地化蛹。

小地老虎的适温范围为 13.4～24.8℃，适宜的相对湿度为 50％～90％，高温不利于生长和繁殖，但该虫也不耐低温。小地老虎在地势低洼、雨水充足的地方发生多。土壤含水量影响成虫产卵和幼虫存活，以土壤含水量 15％～20％适宜，过高则幼虫密度大大降低。土质疏松，团粒结构好，保水性好的土壤适合小地老虎发生。田间管理粗放，杂草丛生，靠近荒地的地块发生较多。

(3) 防治方法：①诱杀成虫：在成虫发生时期利用黑光灯诱杀。黑光灯下放置毒瓶或放置盛水的盆、缸，水面洒上机油或农药，以杀死诱到的蛾子。②诱杀幼虫：用不同的饵料拌药制作毒饵，傍晚撒于田间植株基部土表诱杀幼虫。敌百虫毒饵用 90％敌百虫 0.5kg，加水稀释 5～10 倍，喷拌切碎的鲜菜叶或苜蓿叶等 50kg 制成。还可用豆饼、油渣、棉籽饼、麦麸等作饵料。③药剂防治：需在幼虫 3 龄以前抓紧防治，可撒施毒土、喷粉或喷雾。毒土用 2.5％敌百虫粉 1.5kg 与细土 22.5kg 混匀制成。喷雾可用 20％氰戊·马拉松（瓢甲敌）乳油 1 500 倍液，或 20％敌百虫晶体 800～1 000 倍液，或 50％辛硫磷乳剂 1 000 倍液，或 2.5％敌杀死（溴氰菊酯）乳油 3 000 倍液。

6. 拟地甲

甘肃危害马铃薯较常见的有网目拟地甲，成虫群众称之为"土牛子"，幼虫称之为"蛐蜒"，属鞘翅目，拟步行虫科。

拟地甲的成虫和幼虫都能危害，食性很杂。以成虫取食幼苗、嫩茎、嫩根，影响出苗；幼虫在土内钻入种下的块茎内食害，造成幼苗枯萎；生长期危害的块茎形成伤口，常致病菌侵入造成腐烂。

（1）形态识别： 网目拟地甲成虫体长 10mm 左右，椭圆形，外观灰色。头部较扁，背面似铲状，前胸前缘呈半月形。鞘翅近长方形，前缘向下弯曲将腹部包住，故有翅不能飞，翅上有 7 条隆起的纵线，每条纵线两侧有 5～8 个突起，形成网格状。由于成虫经常在地面爬行，背面黏附了泥土，呈土灰色，粗看像土粒，不易辨认。幼虫体细长，与金针虫相似，深灰黄色，腹部末节小，纺锤形，背板色深，后部有 1 对褐色沟纹，末端中央隆起褐色，边缘有刚毛 12 根。

（2）生活习性： ①成虫：2 月下旬即可看到成虫活动，3 月中旬开始为害，4 月上旬开始交尾产卵，4 月下旬至 5 月上旬产卵盛期。有假死性。寿命很长，能活 2～3 年。喜吃植物嫩芽。②幼虫：4 月下旬开始出现，5 月开始为害，6～7 月间幼虫在土中于 9～15cm 深的土层内作土室化蛹。

（3）发生规律： ①世代：每年发生 1 代。②越冬：以成虫在 6～7cm 土中或枯草、落叶下越冬。③时期：越冬成虫于 3 月中旬至 5 月上旬为活动盛期。

（4）防治方法： ①深耕细作，适时灌水，施用充分腐熟的有机肥。深翻改土，适时早播，在春季开始为害时浇水，可减轻为害。②利用成虫的趋光性，在田间设置黑光灯诱杀成虫。③利用成虫的假死性，捕杀成虫。④药剂防治：同金针虫。

六、马铃薯病虫害综合防治技术

马铃薯病虫害种类多，发生态势十分复杂，在实际防治中，必须纵览全局，讲究策略，病虫兼治，措施配套，实行综合防治，其基本原则是在"预防为主，综合防治"方针的指导下，以使用脱毒薯、无病种薯为基础，协调应用抗病品种、栽培防治、药剂防治以及其他防治手段，将病虫为害严格控制在经济允许的水平以下。本项技术针对北方一作区的特点，瞄准主要防治对象（早疫病、晚疫病、黑痣病、软腐病、黑胫病、干腐病、病毒病、地下害虫等），狠抓关键措施（从整地、施肥、选种、切种、种薯处理、田间管理、病虫害防治、收获等各个环节抓起），根据实际需要，全面体现"病虫要兼治，措施要综合"的基本思想。主要技术环节如下：

（一）整地

马铃薯是以地下块茎为收获产品，为促进高产，就要为地下块茎的生长提供良好的生长环境，其中整地的作用十分重要。深耕可以提高土壤的蓄水、保水性能，协调水、肥、气因素。而马铃薯播种后产生的根系为须根系，穿透能力较差，土壤疏松有利于根系的生长发育，强大的根系有助于土壤中水分和养分的吸收，促使地上部植株健壮生长，增强光合能力，光和产物增多为高产提供了物质基础，有利于提供马铃薯的抗逆性。因此，深耕是马铃薯高产的基础。整好地是马铃薯高产的前提，一般整地深度以 25～30cm 为宜。

（二）施肥

1. 重施基肥

马铃薯是喜肥高产作物，每生产 500kg 块茎要从土壤中吸收氮 2.5～3.0kg，磷 0.5～1.5kg，钾 6～6.5kg。施肥方法分基肥与追肥，应结合早春整地，施足底肥。底肥一般亩施优质腐熟有机肥 4 000～5 000kg、尿素 20kg、过磷酸钙 50kg、硫酸钾 30～40kg。增施磷钾肥有利于提高马铃薯的抗病性。结合基肥施入 15％阿维·毒乳油 50mL/亩或 50％辛硫磷乳油按 1：100 比例配兑的细土，防治地下害虫。

2. 适时追肥

追肥一般在苗期、蕾期和花期进行。氮肥应早追，据试验，氮肥苗期追肥可增产 17％，蕾期追肥可增产 12.4％，花期追肥可增产 9.4％，追肥可与除草松土或培土同时进行。

3. 种薯的选择和处理

（1）种薯的准备：①正确选用品种：选用抗病、优质、丰产、抗逆性强、适合当地栽培条件，商品性好的各类专用品种。②种薯选择：尽可能选择利用脱毒种薯（一级种以上），种薯在播种前 15～20d 进行严格挑选，标准为：薯块完整，无病烂、无冻伤，薯皮光滑，色泽鲜艳的幼嫩薯块，淘汰尖头、有裂痕、薯皮暗淡的薯块。③种薯催芽：播种前 15～30d 将窖藏的种薯置于 15～20℃黑暗处平铺 2 层，当芽长 0.5～1cm 时，将种薯逐渐暴露在散射光下壮芽，每隔 5d 翻动一次。在催芽过程中淘汰病、烂薯和纤细芽薯。催芽时要避免阳光直射、雨淋、霜冻。

（2）切块：块不宜过小，一般以 25～30g 为宜，50g 以下的小健薯可整播，如播种时温度转高、湿度较大及雨水较多地区，不宜切块，必要时，在播前 4～7d 选择健康的、生理年龄适当的较大种薯切块，每个切块带 1～2 个芽眼。

（3）薯块处理：切块后立即用 20％噻菌铜悬浮剂 500 倍液（或 30％虎胶肥酸铜 SC 400～600 倍液）或加上 3％秀苗（恶·甲）水剂 500 倍液喷淋或浸种 30min，进行摊晾，使伤口愈合，而后摊放在有散射光的室内或在室外盖草帘或麻袋催芽，待大部分芽眼出芽且变绿时播种。通过种薯处理，可达到控制细菌性病害和一些真菌性病害的目的。

（三）播种

1. 播期

当地下 10cm 深的土温达 6℃ 以上即可播种，如墒情不好要早播，土壤太湿可稍晚播。一般在 4 月中旬至 5 月上旬播种。

2. 播种方法和播种量

（1）母块摆法：土壤干旱时芽眼向下，出芽后可直接接触湿土，不致芽干；土壤墒情好则芽眼向上，出芽后直接钻出地面以利生长。

（2）播种量：切块催芽春播每亩需种薯 120kg 左右。

3. 种植方式

马铃薯的种植方式有平作、垄作、半膜垄作、全膜垄作等多种，可根据当地自然条件和种植习惯选择相应的种植方式。

（1）平作：平作种植是最普遍的一种种植方式，又分为"隔行种"和"双行靠"两种。"隔行种"是隔一行种一行的传统播种方式；"双行靠"是隔两行种两行的播种方式。现在生产中提倡"双行靠"的种植方式，这样便于中耕培土、除草等农事操作，增加通风透光、降低田间湿度、减轻病害发生，尤其适用于榆中南部二阴地区湿度较大的地块，可很好地发挥边行效应，增产效果较为明显。

（2）垄作：可以提高土壤温度，促使早熟，既可抗旱，又可防涝，且便于培土和除草，有利于块茎的膨大和土壤空气的交换。垄作分为露地垄作和覆膜垄作两种；覆膜垄作又分半膜和全膜两种。露地垄作和半膜垄作一般适用于榆中的南部二阴山区和中部川塬地区，早熟品种可选用半膜垄作方式种植。

（3）全膜双垄种植技术：双垄即两个垄——大垄和小垄；大小垄相间，大垄宽 70cm，高 10～15cm；小垄宽 40cm，高 15～20cm，大垄和小垄中间为播种沟，每个播种沟对应一大一小两个集雨垄面，选用 1.2m 宽的超薄膜边起垄边覆膜，膜与膜间不留间隙，相接处必须在大垄中间的垄脊处，每隔 2.0m 压土腰带，覆膜后在垄沟内打孔，以便雨水下渗，播种时在大垄两侧按行距 20cm，株距 25～33cm"品"字形打孔穴播，一般密度为 6 万～6.75 万穴/hm²，每穴种一薯种。

全膜双垄栽培具有如下作用和效果：①增产：一般增产 24.24%～33.63%，最多可达 68%，尤其以早期收获时增产增收效果更为明显。②促进生育：由于地膜覆盖后提高土壤温度，保持湿度，有利于植株的发育，使植株的一系列物候期提前，因而表现出早熟高产的特点。③提高土壤温度：地膜覆盖栽培显著提高了土壤温度，尤其是生长前期。据西吉县调查，地表温度提高 0.3～6.4℃，平均提高 2.8℃。地表下 10cm 深处温度提高 0.6～4.7℃，平均

2.1℃。开花前期比后期更为明显，到后期提高得不太明显，这种温度的变化有利于茎叶的生长及块茎的膨大，是早熟高产的重要原因。④保墒、促肥、土壤疏松：地膜覆盖后减少了水分蒸发，因此土壤含水量比露地栽培地高，相当亩增水 30～40m³，同时也减少了土壤养分的挥发与淋溶，土壤肥力相应提高。由于土壤含水量高，养分转化分解快，土壤疏松等优点，从而满足了植株生长发育的需要。⑤防止杂草滋生：由于地膜覆盖，地表高温闷热，最高温度达 45℃以上，杂草生长受到很大抑制，有的杂草即使出苗也被烤死，因此覆膜后一般可不进行中耕除草，既省工省事又减少营养消耗，为丰产创造了有利条件。

（四）田间管理

1. 查苗补苗

马铃薯从播种到出苗约需 30d，这段时间内，由于受播种方法、杂草滋生、表土板结、土壤湿度等因素的影响，出苗迟早和整齐度不一。等基本齐苗后，应及时查苗补苗；检查缺苗时，应找出缺苗原因，如薯块已腐烂，应把烂块连同周围的土壤全部挖除，以免感染新补的薯苗。

2. 及时放苗

播种后 20～25d 苗将陆续顶膜，选择晴天及时放苗，并用细土将破膜孔掩盖。

3. 除草

在现蕾期和开花期结合中耕培土，人工除草两次；或用化学除草剂 15％精喹禾灵乳油 2 000～3 000 倍液、10.8％高效盖草能乳油 1 000～2 000 倍液防除禾本科杂草。

4. 追肥

露地种植的结合第二次培土，追施氮、钾肥；地膜覆盖种植的可喷施 2～3 次多元微肥。

5. 中耕培土

结合追肥、除草分别在现蕾初期和开花初期各培土一次，以防块茎露出地面。

6. 化控

在现蕾开花期，对有徒长趋势的田块，每亩用 15％多效唑 20～25g，对水 40～50kg 喷雾，控制徒长。

7. 病虫害防治

（1）苗期病害的防治：在马铃薯出苗至开花期是黑胫病发病最明显，也是防治最佳适期，田间一旦发现病株，应及时拔除销毁病株，以减少病源，同时结合用 75％农用链霉素 1 500 倍液，或 30％虎胶肥酸铜 SC 400～600 倍液，20％噻菌铜 SC 500～600 倍液等喷雾防治。在 6 月上中旬喷施 10％啶虫脒 EC 3 000倍液和 40％克毒宝（吗啉胍·烯腺嘌呤）SP 预防病毒病。

（2）早、晚疫病的防治：在发病前或发病初期以预防为主，在发病后以化学药剂控制为主，结合田间发病调查和预报技术，利用 58％甲霜灵·锰锌 WP 500 倍液、80％代森锰锌 WP 500 倍液、60％吡唑醚菌酯·代森联 WG 1 000 倍液、18.7％吡唑醚菌酯·烯酰吗啉 WG 600 倍液、25％吡唑醚菌酯 EC 3 000 倍液、72％霜脲·锰锌 WP 600 倍液等进行田间喷雾防治，为了防止或延迟抗药性的产生，最好多种药剂交替轮换使用。

（3）虫害防治：马铃薯生长期的虫害以蚜虫为主，因此可用 2.5％高效氯氰菊酯 EC 1 000 倍液、1％甲氨基阿维菌素苯甲酸盐 EC 1 500 倍液、10％啶虫脒 EC 3 000 倍液、20％吡虫啉 SL 4 000 倍液、4％阿维菌素·啶虫脒 EC 2 000倍液等，在蚜虫为害期进行喷雾防治。

（五）收获及后续管理

1. 收获

马铃薯当植株停止生长，茎叶大部分枯黄时，块茎与匍匐茎分离，周皮变硬，比重增加，干物质含量达最高限度，即为食用块茎的最适收获期。采收前若植株没有自然枯死，可提前 7～10d 割秧，以便马铃薯块茎后熟，表皮老化防止擦伤，防止马铃薯晚疫病菌通过病叶、病茎侵染薯块。收获后及时进行晾晒 1～2d，促进薯块表皮木质化，可减轻贮藏期干腐病等病害的发生程度。

2. 分装、运输、贮藏

在分装、运输、贮藏过程中，应注意轻放，以防碰破薯皮，严格挑选，剔除病薯。同时要注意防冻、防晒，避光贮藏，防止薯块变绿，包装物要清洁、牢固、透气、无污染、无异味。

3. 贮藏

贮藏地窖应设在冻土层以下。可在马铃薯入窖一周前用 40％多溴福 WP 200 倍液、20％噻菌铜 SC 100 倍液对窖体进行喷雾处理，可减缓窖藏期病害的发生。窖温控制在 2～4℃，湿度控制在 85％～90％之间。

（六）适宜区域及注意事项

1. 适宜区域

适宜在北方马铃薯产区应用推广。

2. 注意事项

（1）注意农药使用过程中的人员安全防护：在浸种处理、毒土配置时，一定要戴上橡皮手套等防护工具。

（2）马铃薯晚疫病的防治要密切注意技术人员提供的预报信息，防治过程中喷药务必细致，尽可能做到叶片正反面都能喷到药。

（3）对马铃薯癌肿病和马铃薯甲虫等检疫对象及马铃薯黑胫病、环腐病、青枯病等"限定性非检疫有害生物"，相关部门要加强检疫，防止局部发生或新传入的危险性病虫害的传播蔓延。

马铃薯商品薯和种薯贮藏保鲜技术

马铃薯食用部分为块茎，含有大量的碳水化合物和丰富的矿质元素，是粮菜兼用型作物。马铃薯块茎收获后有明显的生理休眠期，一般为2～4个月，休眠期间新陈代谢减弱，抗性增强，即使处在适宜的环境条件下也不萌芽，有利于贮藏。

马铃薯薯块既是贮藏器官，又是繁殖器官。薯块作为贮藏器官，它贮藏着丰富的营养物质，这些营养物质在贮藏过程中，将要发生一系列的生化变化，直接影响到薯块的营养成分含量以及经济利用价值和经济效益。薯块作为繁殖器官繁衍后代，萌芽生长，经历着一系列的生长发育过程，以及与生长发育相联系的衰老过程，这一切都会反映到生理过程和组织活性的变化上。

一、马铃薯贮藏生理特性

（一）贮藏的三个生理阶段

1. 后熟期

新收获的马铃薯含水量高，还未充分成熟，一般需经过15～30d才能成熟，这一阶段薯块的呼吸强度由强逐渐变弱，含水量下降迅速（大约5%），同时放出大量热量，使薯堆温度升高，促使薯块表面的表皮外层木栓化。由于薯皮薄嫩，组织脆弱，易擦伤破碎，薯块遭受机械损伤会使重量损耗增大，病害显著增加，其中染病率尤以压碎者最为严重。收获运输时遭机械损伤、表皮擦伤的薯块在后熟期进行伤口愈合，形成木栓层，木栓化的马铃薯可以防止水分蒸发和病菌侵入。因此，刚收获的马铃薯要在阴凉通风处摊开晾晒，使薯块表皮伤口愈合，形成木栓层，提高马铃薯的耐贮性。

2. 休眠期

马铃薯在结束生长时，体内积累了大量营养物质，原生质内部发生深刻变化，新陈代谢明显降低，生长停止，进入相对静止的状态，这种现象称为休眠。此阶段马铃薯外层保护组织完全形成，水分蒸发减少。马铃薯在休眠期内，仍然保持着生命力，但生理代谢作用已降到最低程度，有机物的消耗和水分的蒸发也减少到最低限度。因此，马铃薯的休眠，对保持其营养成分和品质是有利的。休眠期的长短因品种不同而异，早熟品种休眠期短，如费乌瑞它、LK99、中薯 3 号、中薯 5 号；中熟品种休眠期中等，如夏波蒂、大西洋、克新 1 号、虎头；晚熟品种休眠期长，如陇薯 5 号、陇薯 6 号、青薯 168、宁薯4 号、宁薯 8 号、宁薯 9 号等。成熟度不同对休眠期的长短也有影响，尚未成熟的马铃薯块茎的休眠期比成熟的长；贮藏温度也影响休眠期的长短，在较低温下贮藏的薯块休眠期长，特别是贮藏初期的低温对延长休眠期十分有利。

3. 萌发期

马铃薯上生有许多芽眼。马铃薯的生理休眠期结束后，在适宜的温湿度条件下，芽眼内的幼芽就开始萌动生长，新的生命周期就开始了，萌发要消耗薯块内水分和营养物质，薯块重量开始减轻。

（二）贮藏期间的生理变化

1. 水分蒸发

马铃薯收获时，薯块含水量一般为 75%，干物质为 25%。薯块中的水分大部分是自由水，只有 5% 的水分是束缚水。由于薯块的表皮薄，细胞体积较大，细胞间隙多，原生质的持水力较弱，因此水分容易蒸发。自由水的自然蒸发，薯块的含水量可由 75% 降低到 $10\%\sim20\%$，水分蒸发时薯块细胞的膨胀减弱，引起薯块组织萎蔫。

2. 呼吸作用

马铃薯收获后，同化作用基本停止，呼吸作用便成为采后生理的主要过程。呼吸作用是指在一系列酶的作用下，生物体将复杂的有机物分解为简单物质，并释放出能量的过程。在氧气充足的条件下，一般表示为：

$$C_6H_{12}O_6 + 6O_2 \rightarrow 6CO_2 + 6H_2O + 2\,795.8J$$

呼吸作用消耗薯块积累的营养物质，因此在维持正常生命活动的前提下，应尽量使呼吸变得缓慢一些。要控制呼吸作用强度，首先要了解影响呼吸作用的因素。不同品种的马铃薯呼吸强度不一样，一般来说早熟品种呼吸强度大，不耐贮藏，中晚熟品种呼吸强度小，较耐贮藏。

3. 糖与淀粉转化

马铃薯富含淀粉和糖，贮藏期间淀粉与糖能互相转化。温度对淀粉和糖的互相转化影响较大。低温时（$0℃$左右）薯块中的糖分逐渐增加，这是因为呼吸作用转慢，糖作为基质在呼吸时的氧化速率比组织内淀粉水解速度慢，形成的糖未被消耗而积累在组织中。相反，较高温度时薯块内的糖又会成为淀粉，而且呼吸所消耗的糖也相对增加，因此糖分含量不断减少。

4. 愈伤

愈伤是伤口处周皮细胞的木栓化过程，一般需要高温多湿的环境条件。马铃薯收获后含水量高，代谢旺盛，呼吸强度大，不宜立即下窖贮藏，需要在阴凉、干燥、通风处摊放 3～6d，以促进后熟，加快木栓化程度，促进伤口愈合，散失一部分水分（俗称"出汗"）和薯块原有热量，从而增加耐贮性。经过愈伤的马铃薯贮藏期延长 50%，而且贮藏期间腐烂率降低。

愈伤的影响因素：（1）擦伤、碰撞破裂的伤口可愈合，挤压的伤口不愈合；（2）品种不同愈伤速度不同；（3）薯块的生理状态，薯块越幼愈合速度越快，越老越慢；（4）环境条件。主要是温度：7℃时 7d 愈合，10℃时 4～6d 愈合，15℃时 3d 愈合，21℃时 2d 愈合，低于 7℃不愈合，湿度以 85%～90%为适；高浓度氧气和低浓度二氧化碳有利于愈合。总之，贮藏之初的 2～3 周，使温度保持在 15～20℃、湿度 85%～90%、适当通风、增加氧气降低二氧化碳浓度，可促进伤口愈合。

二、采前处理技术

（一）加强田间病虫害防治

带病薯块和烂薯入窖是安全贮藏的最大隐患，要及时防治田间各种病害，如晚疫病、早疫病等，可降低病薯的感染率和腐烂率，对保证入窖薯块质量是非常重要的。

（二）实施测土配方施肥

施用氮肥过多，会造成茎叶徒长，薯块含水量多，干物质积累少，贮藏性降低，因此在施肥时要使用氮、磷、钾复合肥或通过测土配方施肥，增加干物质含量，适当施用钙肥，增强抗病性，提高耐贮性。

（三）进行合理的轮作倒茬

重茬和迎茬是引起马铃薯土传病害的主要原因，这些病害包括马铃薯青枯病、癌肿病、疮痂病、黑胫病、线虫等。目前对这些土传病害没有很好的防治办法，一旦发作，会给马铃薯贮藏带来不可估量的损失。应选择土壤疏松，排水良好，未种过马铃薯或经过合理轮作的土壤种植马铃薯，与非寄主植物轮作是改善土壤结构、消灭土传病害的有效措施。

（四）促使薯块表皮木栓化

在田间促使薯块表皮木栓化主要有 3 种方法。一是灭秧收获，马铃薯在收获前7~10d，先收掉茎秆，促进块茎后熟，减轻病害入侵，块茎表皮木质化增强，便于贮藏。二是收获前10d，用灭生性除草剂如克无踪等喷洒植株灭秧，使地下块茎停止生长，促进薯皮木栓化。三是适当晚收，即当薯秧被霜冻死后，不要立即收获，根据天气情况，延长10d，薯皮木栓层形成后再收获。

三、采收技术

（一）生长后期的田间管理

在马铃薯生长后期，相对来说各类病菌侵染比较严重，如灌水过多，病菌孢子会随灌水下渗进入土壤，增加薯块感病概率，同时如果土壤含水量过高，导致薯块含水量多，薯皮细嫩，木栓化程度低，贮藏性降低；另外，马铃薯生长后期根据其生理特性，也不是需水高峰期，因此不能过多灌水。如遇多雨天气，应及时排水，避免田间积水。还有如前期缺水，后期灌水过多，会出现空心症状。一般在收获前10~15d应停止浇水。

为了块茎的有效成熟，大约在收获前2~3周进行杀秧。杀秧是一种重要的栽培措施，已广泛应用于马铃薯的生产中。它不但可以提高马铃薯的成熟度，避免马铃薯感染病害，还可以控制薯块大小，且利于收获。杀秧方法分为机械杀秧和化学杀秧。

机械杀秧最通用的方法是切秧和碎秧。碎秧需要有相当大的的动力，如果操作不小心，接近土壤表面的马铃薯易被伤害，特别是垄台形状与碎刀轮廓不一致，马铃薯受到的伤害更大，但碎秧太高留下的茎茬较高，容易增加再生长。拔秧是将全株与块茎分离，这阻止了所有养分（包括各种病毒）移向块茎，拔秧易把块茎带出地面，所以大部分设备拥有固定器，把块茎留在地下，并密封土壤。与其他杀秧方法相比，拔秧能增加比重。压秧是机械杀秧中最普遍的方法，压秧与化学应用相结合，而不作为单一的处理方式，压秧机压倒茎使秧子倒下，增加了秧子死亡速度，有实验结果表明压秧可使杀秧速度增加9%，压秧还通过降低郁闭密度，增加了喷施效果，使化学物质覆盖度更适合。

常用于杀秧的化学药剂有敌草快（除草剂）、百草枯、硫酸、硫酸尿素。不同化学药剂的杀秧速度不同，所有用于杀秧的化学药剂（硫酸除外）都是植物生理抑制剂，它们的活性受气温和植株健康的影响。

化学杀秧能够迅速杀死绿色组织，使茎叶迅速干燥，所以杀秧速度与气温、茎秆成熟度、植株密度和茂盛度相关。机械杀秧具有推广普及度高、成本低、安全性高等特点，适用于大田生产和种薯田生产。

适时收获是做好马铃薯贮藏的一个先决条件，马铃薯收获时间晚易受冻害，而收获时间过早则产量低，不耐贮藏。一般应在早霜来临前先杀秧，晒地2周后，最好选晴天进行收获。选择适宜的杀秧时间，可减少贮藏损失。杀秧过迟，种皮老化不好，甚至还会发生二次生长，贮藏期间就会出现部分干、湿腐病的发病现象。

在收获时要防止低温冷害对马铃薯的伤害，一是要防止早霜对田间未收获马铃薯的伤害，二是要防止收获后入窖前低温对马铃薯的伤害。

（二）成熟及采收

马铃薯在生理成熟期收获产量最高，其生理成熟的标志是：一是叶色由绿逐渐变黄转枯，这时茎叶中养分基本停止向薯块输送；二是薯块脐部与着生的匍匐茎容易脱离，不需用力拉即与匍匐茎分开；三是薯块表皮韧性较大、皮层较厚、色泽正常。一般要根据马铃薯的品种、生理年龄确定收获期及贮藏期。一般中早熟品种在出苗后 70～90d 收获，中晚熟品种在出苗后 90～120d 收获。秋末早霜后，虽未达生理成熟期，但因霜后叶枯茎干，不得不收；有的地势较低，雨季来临时为了避免涝灾，必须提前早收；还有因轮作安排下茬作物播种，也需早收等，在实际生产过程中要灵活掌握收获期。

种薯和商品薯在收获上是有区别的，种薯要求无毒无病高质量，只要求繁殖系数高，不要求高产大块；商品薯要求产量高，薯块均匀，薯形好，无烂熟、无畸形。收获方式因种植规模、机械化水平、土地状况和经济条件而不同，不管用人工还是机械收获，收获的顺序一般为除秧、挖掘、拣薯、装袋、运输、贮藏等过程。收获应注意以下事项：一是收获应选择在晴天和土壤干爽时进行，在收获的各个环节，尽量减少块茎的破损率；二是收获要彻底，应复收复拣；三是收获后如果贮藏设施没有良好的强制机械通风设备，薯块必须进行预贮，散发部分水分，使薯皮干燥，以便降低贮藏中的发病率。四是薯块在收获、运输和贮藏过程中，要尽量减少转运次数，避免机械损伤，以减少薯块损耗和病菌侵染。

四、采后预处理技术

（一）挑拣与分级

挑拣就是剔除病、烂、伤薯等不合格薯，严防病、烂、伤薯混入合格薯中，杜绝贮藏后烂窖的发生。若要使贮藏期间块茎的腐烂减少，装前必须仔细挑拣。块茎贮藏前必须做到六不要，即薯块带病不要，带泥不要，有损伤不要，有裂皮不要，发青不要，受冻不要。

根据不同需求，对收获的马铃薯要进行分级处理。通过分级，把不同级别的马铃薯分开贮存，可减轻病害之间的传播。入库时应轻拿轻放，防止碰伤。严禁将收获的薯块筛选预贮，直接将病、烂、伤薯和带土的薯块一起入窖；严禁在入窖时将薯块直接从窖口向窖内倾倒，造成压伤和摔破，或人在薯堆上踩踏，造成薯块受伤等，严重影响薯块入窖质量。

（二）预贮和预冷

马铃薯收获后，如果库内没有强制通风设备，不能直接入库贮藏，要经过外界阴凉避光地方预贮后才能入库，一般要求 10d 左右。预贮藏选择在开阔、通风的场地进行，堆码高不超过 1m，宽不超过 3m，中间留有通风道，温度 18℃以下预贮至薯块表皮干爽，呼吸强度减弱至平稳。保证其完成后熟并使运输时破皮、表皮擦伤的薯块进行伤口愈合，形成木栓层和周皮组织，然后再入库，根据情况可以散贮或软袋包装码放，有条件的地方建议用木箱码放，提高贮藏库的利用率，有利于通风换气。

进行预贮的主要作用有两个方面：一是加速薯块生理后熟过程的完成，使其有机械损伤的表皮加快愈合；二是有利于薯块散发热量、水分、二氧化碳，防止薯块入库（窖）后降温过快表面结露现象的发生。但在预贮过程中一定要严防雨淋、冻害和长时间强光照射。

预冷是为了迅速除去薯块表面的田间热和呼吸热，冷却到适宜贮藏的低温状态。预冷处理有两种方法：自然预冷法和人工预冷法，自然预冷法是指将马铃薯用网袋包装，利用夜间低温、冷风来除去薯块的田间热。自然预冷需时较长，且不易达到适贮温度，所以应进行人工快速预冷。人工预冷法最常用的为冷库预冷和强制冷风预冷。冷库预冷利用冷库风机强制空气循环，使气流流经薯块周围，带走热量，使之冷却。强制冷风预冷又称为压差预冷，将马铃薯装袋堆成两堵封闭的"隔墙"，中间留一定空间作降压区，密封除通气孔以外的一切气路，用风机向外抽风，造成内外压力差，强制冷空气流动，达到预冷效果，但预冷速度不能太快，每天降低薯块温度不超过 1℃。

五、贮前准备

（一）贮前设施处理

清杂：在马铃薯贮藏前一个月要将库（窖）内杂物、垃圾清理，彻底打扫库（窖）内卫生环境。

制湿：西北地区比较干燥，在马铃薯贮藏前一个月，用水浇库（窖），严格控制用水量，浇水深度不超过 5cm，控制相对湿度为 85%～90%。

通气：在马铃薯入库（窖）前 10～15d，要将贮藏库（窖）的门、窗、通风孔全部打开，充分通风换气。

控温：在马铃薯入库（窖）时，将贮藏库（窖）温度调至适宜贮藏的温度。

消毒：①药剂喷洒：用福尔马林 $30mL/m^3$，高锰酸钾 $15g/m^3$ 和水 $15mL/m^3$ 进行喷洒。②二氧化氯处理：$0.5\sim1$ 片$/m^3$ 按说明进行熏蒸。

（二）贮藏量的确定

马铃薯的贮藏量不得超过库（窖）容量的 65%。因为马铃薯贮藏量过多过厚时，初期不易散热，中期上层块茎距离库（窖）顶过近容易受冻，后期下部块茎更易发芽，同时也会造成堆温和库（窖）温不一致，难于调节库（窖）温。据试验，每立方米的块茎重量一般为 $650\sim750kg$，只要测出库（窖）的容积（m^3），就可算出最多贮藏量，计算方法如下：

最多贮藏量（kg）＝库（窖）的总容积×（750×0.65）

如果采用先进的强制通风系统和恒温恒湿贮藏库贮藏马铃薯，其贮藏量可不受上述条件的限制。

（三）入库（窖）的堆码

目前，我国马铃薯堆码分散堆和袋装堆码两种，有条件的企业可用木条箱贮藏。

散堆：马铃薯堆放的高度不宜超过库（窖）房高度的 2/3，自然通风条件良好的贮藏库堆放的绝对高度不超过 2m，没有强制通风的贮藏库在堆放时要沿库长轴方向堆放，侧边用板条、秸秆等透气物隔挡，以增加贮藏容量，以通气、不漏薯为宜。在堆放时，要沿库（窖）长轴方向，在堆垛下面放置具通风孔的通风管道，并与强制送（抽）风机连通，使其在薯堆内形成一个立体的通风系统。堆放时务必做到轻装轻放，以防摔伤，由里向外，依此堆放。

袋装：以 $30\sim40kg$/袋为例，码垛 $8\sim9$ 袋高为宜，沿库（窖）内通风流向留出一条 $30\sim50cm$ 的通风道，堆垛之间也要求留有通风道。另外，马铃薯种薯贮藏应做到专库（窖）专用，同一库（窖）不能存入多个品种或多种级别，特别是试验品种、原原种、原种都应该单存单放，以防混杂和传染病害，影响种薯纯度和质量。一般贮藏量最大不能超过其总容积的 2/3，以 1/2 为宜。

六、贮藏过程管理

马铃薯贮藏管理的工作要点是"三个及时"：及时调节库（窖）内温度，最大限度保持库内温度适宜且恒定；及时通风，保证库内湿度适宜，降低二氧化碳浓度，散失薯堆热量，处理库内冷凝水；及时检查，防止冷害、冻害发生及病虫害危害，剔除病薯。

（一）库（窖）的温度管理

温度不仅对马铃薯休眠期长短有一定的影响，而且还直接关系到贮藏马铃薯的质量。根据北方地区冬季气候的特点，马铃薯入库（窖）后大致可分三阶段进行管理。即马铃薯入库（窖）后至 11 月末为第一阶段；12 月初至翌年 2 月为第二阶段；3 月初至出库（窖）为第三阶段。从马铃薯入库（窖）至 11 月末正处于准备休眠状态，马铃薯呼吸旺盛、释放热量较多，所以这一阶段的管理工作应以通风换气、降温散热为主。具体做法是在确保马铃薯不受冻害的前提下，打开库（窖）所有门窗和通风孔通风降温，温度控制在 3～5℃为宜。马铃薯贮藏的第二阶段，正值寒冬季节，马铃薯从呼吸旺盛转入休眠期，散热量减少。这个时期以防冻、保温为主，要密封窖门和通气孔，窖门加设门帘。窖内温度下降至 1℃，要立即采取保温措施，可在薯堆上盖一层草帘子，这样不仅能防害保湿，还可以挡住窖顶水滴落在马铃薯上造成腐烂，或者调换高功率灯泡或加热设备，保证库（窖）温不能低于 2℃。马铃薯贮藏第三阶段气温逐渐转暖，温度回升较快，首先要除去窖顶上的积霜，以免积霜融化水滴到薯堆浸湿薯皮；其次随着气温回暖，薯块呼吸作用加强，养分损耗多，薯堆内的热量快速增加，易发生"出汗"现象，很容易导致"伤热"和"烂薯"，因此要及时撤出窖内覆盖物和门帘，加强通风，避免窖（库）温过快升高。

（二）库（窖）相对空气湿度和通风管理

整个马铃薯贮藏期，库（窖）内空气相对湿度应控制在 85％～95％。马铃薯入库（窖）前期湿度较大，应采用石灰吸湿法或加强通风降低湿度。马铃薯贮藏的第二阶段是马铃薯最易受冻的危险期，此阶段应封闭所有库（窖）门窗，加强保湿。及时观察温、湿度变化，在避免冷害和冻害发生的前提下选择气温较高的时段进行通风。

（三）适当的光照和紫外光照射

一般商品薯严禁光照。作为种薯贮藏，地上、半地下式贮藏库（窖）要在地面以上部分加设窗户，地下式种薯贮藏库（窖）要安设适量的紫外线灯，利用散射光和紫外线灯照射以杀灭病菌，并促使种薯产生抵御各种病原菌入侵的物质如龙葵素等。在种薯发芽后更要对其增加光照，可避免幼芽生长细弱，变得粗壮。对萌芽过早的块茎，要通过光照来抑制芽的生长。

七、贮藏病害及防治方法

(一) 侵染性病害

侵染性病害又分为细菌性病害和真菌性病害，细菌性病害包括环腐病、黑胫病、软腐病、疮痂病；真菌性病害包括晚疫病、早疫病、干腐病、湿腐病、银腐病、白霉病、坏疽病。马铃薯晚疫病、环腐病、黑茎病、枯萎病等病害在田间已经发生侵染，入库（窖）后会继续侵染发展，对于此类病害，只能在入库（窖）前细心挑拣，并以特效杀菌剂喷雾，晾干表皮后再贮藏。对已入库（窖）的病薯只能倒垛剔除病烂薯块。

1. 采后综合防治技术

种薯消毒：整薯表面消毒＋切块包衣。

表面消毒：可采用适乐时（咯菌腈）10mL、农用链霉素3g、高巧（吡虫啉）20mL、磷酸二氢钾5g，兑水1kg（过滤掉杂质）并混匀，均匀地喷施在100kg种薯上晾干药液后切块。

克霉灵（50％仲丁胺）熏蒸剂。在密闭的空间将克霉灵蘸在布条或线条上悬挂起来，靠其自然挥发，当蒸气碰到马铃薯即可起到防腐保鲜作用。其用药量一般按1kg马铃薯30～60mg或$1m^3$ 10～14g霉灵药量参照计算决定，密封12h即可。

种薯包衣：甲基托布津100g＋多菌灵100g＋农用链霉素25g＋滑石粉2.5kg充分拌匀，然后均匀地与100kg刚切好的种薯混合。

一般商品薯：可采用甘肃省农业科学院农产品贮藏加工研究所多年筛选出的二氧化氯防腐剂（ClO_2），使用剂量：1～2片/m^3。贮藏大库、贮藏窖及小包装箱均可使用。使用方法：将药剂放入适量水中（100～300mL/片），使其自然挥发。有循环风道系统，借助通风施用，效果好，省劳力，好控制。密闭熏蒸24h即可。

2. 干腐病

马铃薯干腐病是贮藏过程中的重要病害，病原为深蓝镰孢菌和腐皮镰孢菌，一般会造成损失10％～20％，严重的时候能达到30％以上。

发生特点：病原在5～30℃条件下均能生长。贮藏条件差，通风不良利于发病。

危害症状：主要在贮藏期间危害，受害薯块，发病初期仅局部变褐稍凹陷，扩大后病部出现很多皱褶，呈同心轮纹状。其上有时长出灰白色的绒状颗粒。剖开病薯可见空心，空腔内长满菌丝，薯内则变成深褐色，终致整个薯块僵缩成干腐状。

防治方法：

①生长后期注意排水，收获时避免伤口，收获后充分晾干再入窖，严防碰伤。

②贮藏期间，保持通风干燥，避免雨淋，温度以1～4℃为宜，发现病烂薯块随时清除。

③发病严重地区，在贮藏前马铃薯可用特效杀菌王乳剂800倍液，或0.2%甲醛溶液均匀喷雾，注意处理后要晾干表皮。

3. 软腐病

由薄壁菌门欧氏杆菌的3种细菌侵染致病，菌体均为短杆状，具周生鞭毛而游动，革兰氏染色阴性。

发生特点：病原在5～30℃条件下均能生长。贮藏条件差，通风不良利于发病。

危害症状：软腐病发病初期薯块表面出现褐色病斑，很快颜色变深、变暗，薯块内部逐渐软腐；条件适宜时，病薯很快腐烂；干燥后薯块呈灰白色粉渣状。

防治方法：

①生长后期注意排水，收获时避免伤口，收获后充分晾干再入窖，严防碰伤。

②贮藏期间，保持通风干燥，避免雨淋，温度以1～4℃为宜，发现病烂薯块随时清除。

③发病严重地区，在贮藏前可用特效杀菌王乳剂800倍液，或0.2%甲醛溶液均匀喷雾，注意处理后要晾干表皮。

（二）非侵染性病害

伤：许多贮藏期病害大多数都是从伤口侵染的。因此，马铃薯伤口的多少，愈合的快慢程度，与贮藏病害的发生密切相关。因而精选薯块，细心收藏十分重要。

热：马铃薯入库（窖）初期，块茎呼吸作用比较旺盛，库（窖）温高，湿度大，二氧化碳积聚多，如果通风不良，库（窖）温不易下降，往往造成热害，甚至导致多种库（窖）藏病害的侵染。所以贮藏期间适时通风很重要。

湿：库（窖）藏薯块在湿热条件下，势必进一步加强呼吸，产生的水分又不能及时散发，凝结在薯块表面，就会引起湿害。同时，高湿条件有利于许多病菌萌发、繁殖蔓延，导致病害加剧。所以在适时通风的情况下，勤倒垛也是必要的。

冻：库（窖）温长期低于1℃时，极易引起冻害。因此，贮藏期在小寒、大寒节气前后，温度极低，要注意封窗堵口，加盖草帘，严防低温侵袭。

八、马铃薯气调贮藏技术

气调贮藏（Controlled Atmosphere）简称CA，是指在特定的气体环境中的冷藏方法。正常大气中氧含量为20.9%，二氧化碳含量为0.03%，而气调贮藏则是在低温贮藏的基础上，通过调节空气中氧和二氧化碳的含量，来改变贮藏环境中的气体成分。气调贮藏环境能保持马铃薯的新鲜度，减少损失，且保鲜期长，无污染。若气调贮藏的工艺条件不合理，就会对贮藏的马铃薯产生有害影响，如过低的氧气浓度会引起马铃薯黑心症状。因此，确定马铃薯气调贮藏保鲜工艺条件是气调贮藏成功与否的关键。

九、马铃薯抑芽技术

（一）发芽

马铃薯薯块是变态茎，茎上生有许多芽眼，收获后有明显的生理休眠期，通常为2~4个月。不同品种其休眠期长短是不同的。一般来说，早熟品种的休眠期短，容易打破；晚熟品种的休眠期长，难以打破。作短期贮藏时，应选择休眠期短的早熟品种；作长期贮藏时，应选用休眠期长的晚熟品种。

同一品种成熟度不同休眠期长短不同。同一品种，春播秋收的块茎休眠期较短，而夏播秋收的块茎休眠期较长，且块茎的休眠将随着夏播时期的推迟而延长。因此，作长期贮藏的马铃薯，应适期晚播或早收，选用幼嫩块茎贮藏。马铃薯生理休眠期结束后，如果温度、湿度条件合适，从芽眼就要长出新芽。如果外界条件不合适，马铃薯就可以继续处于强迫休眠状态而不发芽。

（二）发芽控制的有效措施

1. 低温

低温可以很好地控制发芽。比如恒温库贮藏菜用马铃薯，就是广泛使用低温控制发芽，效果较好。但贮藏后期，出库期间，库温波动容易引起发芽，另外，经过低温冷藏的马铃薯，如物流运输及市场批发、零售阶段处于较高温度下，可快速发芽，有时给调运经销商造成很大损失。为此，冷库低温贮藏的马铃薯，如未采取其他防止发芽的技术措施，出库后需继续保持低温。

2. 抑芽剂

从国际上看，抑芽剂广泛用于供食用和长期贮藏、长途运输销售的马铃薯。目前使用最广泛且效果最好的马铃薯抑芽剂为氯苯胺灵（CIPC），CIPC最早在美国开始登记，我国也已批准使用。但我国马铃薯产业的特点限制了它的使用。CIPC现在已经发展成为包括粉剂、乳油、热雾剂等多种剂型，在马铃薯采收后处理可有效抑制马铃薯发芽。其中粉剂使用时均匀撒在马铃薯表面，适用范围较广，但操作烦琐，且难分散均匀；乳油可对马铃薯进行喷洒或浸蘸处理，适用于贮藏前对马铃薯进行清洗、商品化的企业；热雾剂适用于堆藏马铃薯库内熏蒸，使用时需用热雾机气化，配合通气管道，使热烟雾分散均匀。热雾剂在美国使用较广泛，我国一些加工企业大量长时间贮藏马铃薯，常用CIPC处理。CIPC作为传统抑芽产品，两次施加可使贮藏马铃薯的贮藏期延长8个月以上，具有效果好，成本低的特点，是目前国内外主流的抑芽产品。

近年来研究发现，一些天然的挥发性物质对马铃薯具有抑芽作用，且部分物质已被开发成为商业化的产品。由于挥发性强，以上物质与CIPC相比可以更快地从马铃薯块茎中消散，使用更方便，虽其抑芽效果较CIPC差，但由于其是天然产物，从食品安全角度考虑，仍有较好的应用前景。最新在美国登记的3-癸烯-2-酮（SmartBlock）在马铃薯将要发芽或已经发芽时使用具有较好的抑芽效果，已经开始与CIPC结合使用。

甘肃农业科学院农产品贮藏加工研究所研发出以CIPC为主效成分的粉剂、乳油、热雾剂三种产品，山东农业大学与山东营养源食品科技有限公司合作研发了一种新的挥发性抑芽剂、抑芽网套等产品和技术，可有效抑制马铃薯发芽。

以CIPC为主效成分的马铃薯抑芽剂严禁用于马铃薯种薯贮藏。

3. 其他控制措施

辐照可以很好地控制发芽，所需剂量低，安全性也很高，国际、国内均批准了使用。另外，采前2～3周，田间喷洒2 500mg/kg的青鲜素也可以有效控制采后发芽。

十、贮藏窖（库）建造模式

这里分别介绍三种类型的贮藏窖（库），适合不同种植规模、不同经济基础的用户建造。

（一）农户用小型贮藏窖

该类贮藏窖是在山区依山建（窖）或在平原地区建半地下式或全地下式的类型（见图9-1、图9-2）。通常为砖混结构，保温处理可根据需要选择覆土或贴保温材料。一般长度选择为5.0～20.0m，宽度为2.5～3.5m。窖顶采用砖砌的拱形顶，拱形顶厚度24cm，净高3m，内设保温门，对于特别严寒地区或遭遇多天极端低温气候，保温门内侧可加挂保温门帘。窖体通风可采用自然通风，也可机械通风。仓储量可分为 5～60t 多种规格。适合北方土层深厚、地下水位低的地区。

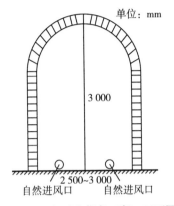

图 9-1　小型贮藏库（窖）正面图

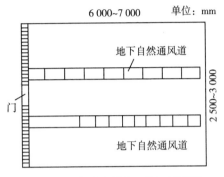

图 9-2　小型贮藏库（窖）平面图

此类贮藏窖适用于农户或合作组织集中收获后马铃薯短期保鲜仓储，适宜北方等冬季气候寒冷、土层深厚、地下水位低的地区使用。通过控制窖藏容量，改造增设了通风系统，从而降低了损失率、延长了存储时间，仓储损失率明显降低，延长了销售时间，增加了经济效益。

（二）中型半地下式节能保鲜贮藏窖（库）

此类贮藏窖（库）适用于农业合作社、种植大户、大型种植基地的商用薯短、长期的储藏。适宜推广地区为冬季气候寒冷、土层深厚、土质坚实、地下水位低的北方地区。这种窖型结构主要由窖体和通风系统组成（见图 9-3、图 9-4）。在窖体设计中采用了保温、保湿技术，在通风系统设计中采用内、

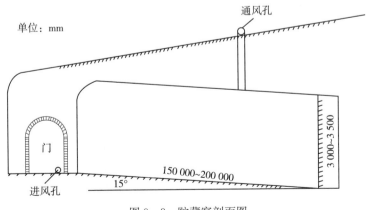

图 9-3　贮藏窖剖面图

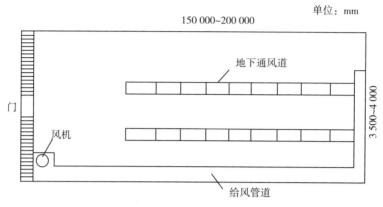

图 9-4 贮藏窖平面图

外通风系统设计，从而保证了马铃薯贮藏后，可有效控制窖内温湿度，减少病害发生率，延长强迫休眠时间，达到马铃薯安全贮藏的目的。

大部分合作社、种植大户选用的此类窖建设窖群，一般以"非"字形贮藏窖（库）使用较多，规模从 60t 以上到几百吨不等，窖内喷保温层，窖外防水，可根据经济情况和存储量确定窖群多少和大小，该类社会斯易于管理，储藏损失率小，在北方较适合推广。

（三）大型现代马铃薯贮藏库

世界发达国家的农场和加工厂都设有马铃薯贮藏设施，且大都为地上建筑，很少有地下窖式。其贮藏设施十分完备，我国一些大型马铃薯加工企业也具有这类设施。

1. 整体设施

贮藏设施整体采用钢架、混凝土和现代保温板，保证仓储建筑坚固耐用。用砖、铝合金或塑钢门窗进行装饰，屋顶钢梁之间的木板横梁也使用防蛀虫和真菌的材料。

2. 通风系统

库内具有现代化的通风系统，充分保证了马铃薯贮藏通风的要求。通风系统包括地上、地下通风道以及全通风格栅地板。地上通风道通风系统（如图 9-5 所示）的风机安置在通风管或压力仓的前面，地下通风道通风系统（如图 9-6 所示）的风机一般安置在压力仓。格栅地板通风系统（如图 9-7 所示）则将整个地板下部设置为一个地下室，地板由混凝土的通风格栅组成，风机一般安置在压力仓，通过改变地下室风槽的宽度使得格栅地板末端比风机处有更多的空气通过。

图 9-5 地上通风道　　　图 9-6 地下通风道　　　图 9-7 格栅地板
　　　　　通风系统　　　　　　　　通风系统　　　　　　　　通风系统

采用木箱贮藏种薯和商品薯，可以易于贮藏不同品种和不同批量的马铃薯，薯块干燥或冷却速度也较快，有效降低了贮藏期间马铃薯病害的传播。针对箱贮马铃薯，通常采用直接对木箱壁通风、吸入式通风、气袋式通风和储间内部整体通风等系统。

3. 制冷、加热加湿系统和抑芽设备

国外马铃薯贮藏库还具备与通风系统相配套的先进制冷系统、加热加湿系统和抑芽设备，制冷系统主要有机械制冷系统、组合制冷设备等。当利用室外空气通风降温不足时，机械制冷系统可以保持恒定低温。组合制冷设备是可移动式的，可用于散装、箱装和袋装贮藏设施，制冷机可以和智能控制器连接进行遥控。当贮藏室中的空气相对湿度为 90%～98% 时，可采用电加热、气加热或油加热等加热设备进行加热，避免马铃薯或贮藏库顶部产生凝结水。可配备持续和间歇加湿空气系统。

根据抑芽剂 CIPC 易挥发的特点，库内设计内循环系统，连接可移动式抑芽施用设备，通过启动抑芽设备的风机与燃烧装置将 CIPC 以热雾剂的形式均匀地吹入贮藏库中，并且借助库内循环风机将氯苯胺灵均匀地分散在马铃薯上，达到抑制贮藏马铃薯发芽的目的，使用方便，省时省工。

4. 自动化控制、智能化操作

国外马铃薯贮藏库均已应用计算机技术开发了马铃薯仓储管理系统，如电脑模拟气候技术可通过利用自然冷源节能，置换库内二氧化碳、控制相对湿度、减少失重等，使贮藏设施内的湿度、降温加温、换气等工艺过程全部实现自动化，并根据库内外的空气温度、湿度、马铃薯温度、二氧化碳浓度以及产生冷凝水的可能性进行智能控制。

参 考 文 献

程天庆, 1996. 马铃薯栽培技术 (第二版) [M]. 北京: 金盾出版社.

黑龙江省农业科学院马铃薯研究所, 1984. 马铃薯栽培技术 [M]. 北京: 农业出版社.

黑龙江省农业科学院马铃薯研究所, 1994. 中国马铃薯栽培学 [M]. 北京: 中国农业出版社.

金黎平, 屈冬玉, 2002. 马铃薯优良品种及丰产栽培技术 [M]. 北京: 中国劳动社会保障出版社.

靳福, 崔杏春, 2001. 马铃薯脱毒繁育与二季栽培技术 [M]. 郑州: 中原农民出版社.

门福义, 刘梦芸, 1995. 马铃薯栽培生理 [M]. 北京: 中国农业出版社.

孙慧生, 2003. 马铃薯育种学 [M]. 北京: 中国农业出版社.

附图1　陇薯5号

附图2　陇薯10号

附图3　陇薯13号

附图4　新大坪

附图5　渭薯1号

附图6　天薯11号

附图7　定薯1号

附图8　克新1号

附图9　青薯168

附图10　临薯17号

附图11　青薯9号

附图12　费乌瑞它

附图13　爱兰1号

附图14　陇薯3号

附图15　陇薯6号

附图16　陇薯8号

附图17　庄薯3号

附图18　大西洋

附图19　夏波蒂

附图20　LK99

附图21　陇薯7号

附图22　陇薯9号

附图23　陇薯11号

附图24　陇薯12号

附图25　陇薯14号

附图26　马铃薯叶片正面晚疫病病斑

附图27　马铃薯叶片背面晚疫病病斑

附图28　马铃薯顶叶晚疫病病斑

附图29　马铃薯叶柄晚疫病病斑

附图30　马铃薯大田晚疫病

附图31　马铃薯薯块晚疫病病斑

附图32　马铃薯叶片正面早疫病病斑

附图33　马铃薯叶片正面早疫病病斑

附图34　马铃薯叶片重感早疫病

附图36　马铃薯茎基部黑痣病病霉

附图35　马铃薯幼苗茎基部黑痣病菌溃疡斑

附图37　马铃薯块茎黑痣病病斑　　　　　　附图38　马铃薯茎基部枯萎病病斑

附图39　马铃薯块茎枯萎病病斑　　　附图40　马铃薯块茎粉痂病　　　附图41　马铃薯块茎粉痂病
　　　　　　　　　　　　　　　　　　　　　　病斑1　　　　　　　　　　　病斑2

附图42　马铃薯植株黄萎病1

附图43　马铃薯植株黄萎病2

附图44　马铃薯叶片黄萎病病斑

附图45　马铃薯茎横切面维管束组织褐变

附图46　马铃薯块茎干腐病1

附图47　马铃薯块茎干腐病2

附图48　马铃薯感染干腐病块茎横切面

附图49 马铃薯块茎坏疽病

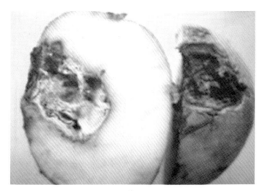

附图50 马铃薯感染坏疽病块茎纵切

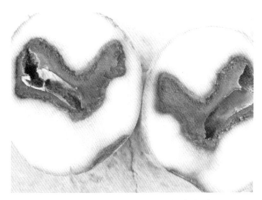

附图51 马铃薯感染坏疽病块茎纵切

附图52 马铃薯茎秆炭疽病1

附图53 马铃薯茎秆炭疽病2

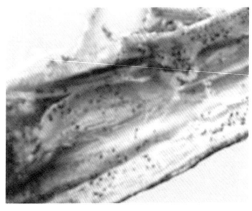

附图54 马铃薯感染炭疽病茎秆纵切面

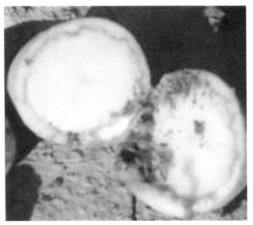

附图55　马铃薯感染环腐病块茎横切1

附图56　马铃薯感染环腐病块茎横切2

附图57　马铃薯感染黑胫病植株

附图58　马铃薯感染黑胫病块茎1

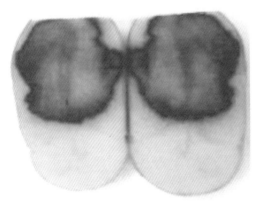

附图59　马铃薯感染黑胫病块茎2

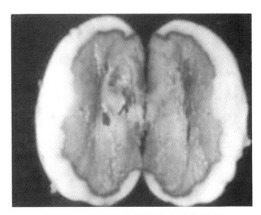

附图60　马铃薯感染软腐病块茎纵切

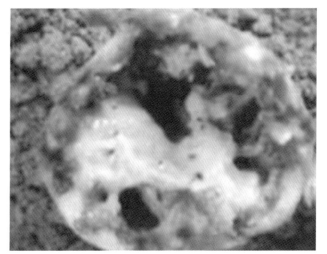
附图61　马铃薯感软腐病块茎横切

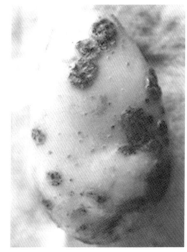
附图62　马铃薯块茎疮痂病病斑1

附图63　马铃薯块茎疮痂病病斑2

附图64　马铃薯普通花叶型病毒病

附图65　马铃薯条斑花叶型病毒病1

附图66　马铃薯条斑花叶型病毒病2

附图67　马铃薯卷叶型病毒病1

附图68　马铃薯卷叶型病毒病2

附图69　马铃薯甲虫幼虫

附图70　马铃薯甲虫成虫

附图71　马铃薯甲虫成虫

附图72　马铃薯甲虫为害

附图73　马铃薯二十八星瓢虫

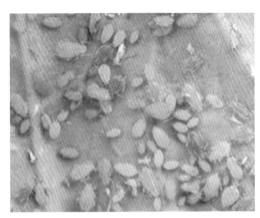

附图74　马铃薯蚜虫

附图75　蛴螬

附图76　蝼蛄

附图77　金针虫

附图78　地老虎